監修
君嶋哲至
Satoshi Kimijima

ワインの図鑑 ミニ

prologue はじめに

ワインは、人、また人生そのもの。

そして人生をさらに楽しくする飲み物です。

1本のボトルが料理をさらに美味しくし、

そのボトルを囲んだ誰もがハッピーになります。

ただワインは少しだけ難しい飲み物。

多くの国で造られ、地域やテロワール、

造り手によってさまざまな顔を持ちます。

安いデイリーワインがその日の料理にぴったりと合い感動したり、

高かったのに管理が悪くがっかりさせられることがあったりと、

勉強にも終わりがありません。

この本は多くの方にワインを知って

楽しんでいただきたい想いからわかりやすい構成にしました。

この図鑑を眺めながら、

ワインのある人生を楽しんでいただけたら幸いです。

ワインは人の心を優しく穏やかに包み込んでくれるので、

争いごともなくなります。

グラスを傾けて一緒に世界平和を目指しましょう!

君嶋　哲至

ワインの図鑑ミニ Contents

002　プロローグ　はじめに

008　PART 1
基本のブドウ品種

010　カベルネ・ソーヴィニヨン
014　ピノ・ノワール
018　メルロ
022　シラー
026　サンジョヴェーゼ
030　テンプラニーニョ
034　ネッビオーロ
038　カベルネ・フラン
042　グルナッシュ／ガルナチャ
044　ガメイ
046　マルベック
048　ジンファンデル
049　タナ
050　ムールヴェードル
051　アリアニコ
052　ツヴァイゲルト
053　バルベラ／バルベーラ
054　シャルドネ
058　ソーヴィニヨン・ブラン
062　リースリング

066 シュナン・ブラン
070 ヴィオニエ
074 マルサンヌ
076 セミヨン
078 シルヴァネール
080 ピノ・グリ
082 ピノ・ブラン
084 甲州
086 ゲヴェルツトラミネール／ゲヴュルツトラミネール
088 ヴェルメンティーノ
090 アルバリーリョ
091 アリゴテ
092 コルテーゼ
093 ガルガーネガ
094 ミュスカ（マスカット）
096 スパークリングワイン
102 ロゼワイン
106 デザートワイン
110 *Column* ワインの分類とワイン法

114 PART 2

ワインの産地

116 世界ワインマップ
118 フランス／産地の特徴

ワインの図鑑ミニ Contents

- 122 ブルゴーニュ／産地の特徴・格付
- 128 ボルドー／産地の特徴・格付
- 134 シャンパーニュ／産地の特徴
- 140 ロワール／産地の特徴
- 144 ラングドック・ルーション／産地の特徴
- 148 コート・デュ・ローヌ／産地の特徴
- 152 アルザス／産地の特徴・格付
- 156 プロヴァンスとコルシカ島／産地の特徴
- 160 ジュラ・サヴォワ／産地の特徴
- 162 *Column* 2つの顔を持つ品種
  ——シラーとシラーズ
- 164 イタリア／産地の特徴
- 172 スペイン／産地の特徴
- 180 アメリカ／産地の特徴
- 188 ドイツ／産地の特徴
- 196 ニュージーランド／産地の特徴
- 200 オーストラリア／産地の特徴
- 206 南アフリカ／産地の特徴
- 210 チリ／産地の特徴
- 214 ポルトガル／産地の特徴
- 218 オーストリア／産地の特徴
- 220 カナダ／産地の特徴
- 221 イギリス／産地の特徴
- 222 日本／産地の特徴
- 226 山梨／産地の特徴

- 230 長野／産地の特徴
- 234 山形／産地の特徴
- 235 北海道／産地の特徴
- 236 熊本／産地の特徴
- 237 青森／産地の特徴
- 238 *Column* D.R.Cとマダム・ルロワ

240 PART 3
ワインを知る

- 242 ワインって何？
- 246 ワインの種類
- 250 ワインの産地
- 254 ワインの味わいを決める5つの要素
- 258 ボトルの形でわかるワインの産地
- 260 ラベルでわかるワインのプロフィール
- 266 ワインの香りのバリエーション
- 268 ワインの味わいを構成する4つの要素
- 269 グラスを変える、ワインが変わる！
- 272 ワインをもっと美味しくする抜栓法
- 274 テイスティングの方法
- 276 もっと美味しく飲むためのワイングッズ
- 278 「大好き！」が見つかるワインチャート
- 282 *Column* アニバーサリーワインと保存法

PART 1

Grape varieties

基本の
ブドウ品種

ワインの味わいのベースになるブドウ。
そのブドウの品種ごとの違いが、
ワインの個性に大きくかかわってきます。
品種がわかれば、ワイン選びの
手掛かりにもなります。

カベルネ・ソーヴィニヨン

Cabernet Sauvignon

赤ワイン

ボルドーから世界に伝わった国際品種

■特徴

いわずと知れた、ボルドー地方銘醸ワインの主力品種。力強いタンニン、渋みが特徴です。温暖な気候と水はけの良い砂利質の土壌を好みます。晩熟種で、気候によって品質が左右されるため、収穫年によってワインの当たり外れがはっきりと出やすい品種でもあります。それでも病害に強く、温暖な気候と水はけの良い土壌さえあれば比較的栽培しやすいため、今では世界中の多くの産地で栽培されています。生産者の多くは、ワインの品質を維持するために、冷涼で保湿性の高い土壌を好むメルロをブレンド用に同時に栽培していることが多いようです。果皮が厚く、ポリフェノールやタンニンを多く含むため、長期熟成タイプのワインに向いています。最高級ワインの場合、飲みごろになるまでの熟成に10年から数十年かかるといわれています。

■地域

ボルドーの赤ワインではメルロやカベルネ・フランとブレンドされることが一般的です。ナパ・ヴァレーなどの新世界では、単一品種で醸造されていることが多く、カルトワインと呼ばれる高品質で高額ワインも産出されています。

■豆知識

カベルネ・フランとソーヴィニヨン・ブランの自然配合から生まれた品種です。

基本のブドウ品種

ブドウ品種図鑑

原産地：仏・ボルドー地方
主な産地：仏・ボルドー地方と南西地方、伊・トスカーナ、米・カリフォルニア州ナパ、チリ、アルゼンチン、ルーマニア
ワインの特徴：しっかりした骨格、力強いタンニン、渋み

Cabernet Sauvignon

Collection du
Chateau Rouge
Coteaux d'Aix en
Provence

**コレクション・デュ
シャトー・ルージュ**

品種の特性が表れた
滑らかで豊かなタンニン

Bond
MATRIARCH

**ボンド
マトリアーク**

最高の造り手による
最高のカベルネ

熟したブラックベリーなど黒い果実にコーヒーや杉など複雑に絡み合う香りが見事。タンニンの風味にこの品種の特性が。

原産地	AOCコトー・ディクサン・プロヴァンス／仏、プロヴァンス地方
生産者	シャトー・ド・ボープレ
ヴィンテージ	2015年
参考価格（税抜き）	4千円
輸入・販売	横浜君嶋屋
味わい	フル
料理	牛リブの煮込み、ジビエ

ナパ最高の造り手の一人ビル・ハーランが経営するもう一つのブランド。華やかで複雑な香りと洗練された口当たり。値段以上の価値がある。

原産地	AVAナパヴァレー／米、カリフォルニア州、ナパ郡
生産者	ボンド
ヴィンテージ	2014年
参考価格（税抜き）	3万円
輸入・販売	中川ワイン
味わい	フル
料理	牛フィレステーキ

※本書に掲載しているワインの価格はあくまでも目安であり、輸入元参考価格をもとに監修者・編集部のほうで掲載したものです。

基本のブドウ品種

カベルネ・ソーヴィニヨン ワインカタログ

CHコルディアン・バージュ
Château Cordeillan-Bages

恵まれた土地に生まれたパワフルな赤ワイン

若いうちはタンニンの味わいが強く熟成するにつれ開花する長命の可能性を秘めた赤。カベルネ・ソーヴィニヨンの力強さを堪能できる。

原産地	AOCポイヤック／仏、ボルドー地方
生産者	シャトー コルディアン・バージュ
ヴィンテージ	2001年
参考価格(税抜き)	オープン
輸入・販売	アルカン
味わい	フル
料理	牛肉のソテー

シーレ ボルゲリ・ロッソ
Scire Bolgheri Rosso

有機農法で自然を尊重したワイン造り

新樽を50％使用して熟成させる。赤い果実味とスパイスの風味が融合した柔らかい口当たりのワイン。

原産地	DOC ボルゲリ・ロッソ
生産者	チエラルティ
ヴィンテージ	2015年
参考価格(税抜き)	3千円後半
輸入・販売	横浜君嶋屋
味わい	ミディアム～フル
料理	鶏レバーペースト、魚のトマト煮

※ワインの画像は元の本の執筆時点のものですが、必要に応じて差しかえています。

ピノ・ノワール

Pinot Noir

赤ワイン

世界中のワインラヴァーを魅了するエリート

■特徴

明るく澄んだ色合いや爽やかな酸味、穏やかなタンニン。カベルネ・ソーヴィニヨンと並ぶ赤ワインの名品種です。ピノ・ノワールは早熟な品種のため、温暖な気候で栽培すると、急激に成熟し香りが失われてしまいがちです。栽培地が限られるうえに、繊細でデリケートな品種のため、細心の注意を払って醸造しなければならない気難しい品種です。カベルネ・ソーヴィニヨンとは対照的に、冷涼な気候と石灰性の粘土質の土壌を好み、さらに病害にも弱い品種のため、栽培面積ではカベルネ・ソーヴィニヨンにはとても及びません。また、ほかの品種とブレンドされることは稀で、単一品種で醸造される場合がほとんどです。単一品種によるワインは、テロワール（土壌や気候風土）の違いがワインに大きく影響しますが、そこがピノ・ノワール好きにはたまらない魅力のようです。

■地域

相性が良いテロワールはなんといってもブルゴーニュですが、新世界でも冷涼な産地で栽培にチャレンジする造り手が現れています。

■豆知識

栽培の記録は古く、1世紀ごろからのようです。ドイツではシュペート・ブルグンダー、イタリアでは「ピノ・ネッロ」と呼ばれています。

基本のブドウ品種

ブドウ品種図鑑

原産地：仏・ブルゴーニュ地方
主な産地：仏・ブルゴーニュ、シャンパーニュ地方、米・カリフォルニア州、ソノマ地方、
　　　　　　オレゴン州、ニュージーランド、チリ
ワインの特徴：繊細な果実味、引き締まった酸味、優しいタンニン

Pinot Noir

MARSANNAY
マルサネ

豊かで力強いボディ
豊かな畑に裏付けられた

PINERO
ピネロ

爽やかな清涼感と
長く続く余韻

しっかりとしたボディと酸味がありつつ飲みやすさを実現。ビオデナミ(有機農法の一種)ならではの力強い味わいと清涼感が広がる。

ベリー系の凝縮感と酸味のバランスが絶妙で口に含むと森林を思わせる清涼感やスパイス、ハーブのニュアンスが広がる。

原産地	AOCマルサネ／仏、ブルゴーニュ地方、コート・ド・ニュイ地区
生産者	ドメーヌ・シルヴァン・パタイユ
ヴィンテージ	2016年
参考価格(税抜き)	4千円後半
輸入・販売	ラシーヌ
味わい	ミディアム
料理	豚のリエット

原産地	IGTセビーノ／伊、ロンバルディア州
生産者	カ・デル・ボスコ
ヴィンテージ	2012年
参考価格(税抜き)	1万1千円後半
輸入・販売	フードライナー
味わい	ミディアム
料理	鴨のロースト

ピノ・ノワール ワインカタログ

TAKIZAWA
PINOT NOIR
ピノ・ノワール

北海道生まれの
自然派ワイン

Oregon Pinot Noir
Laurène
オレゴン
ピノ・ノワール
ロレーヌ

フランスのネゴシアンが
新天地で造ったワイン

北海道の豊かな自然のなかで造られる超自然派ワイン。やわらかさと透明感があり、軽快だがふくよかな味わい。

フランスのネゴシアン、ドメーヌ・ドルーアンが造った、ブルゴーニュが強く感じられるピノ・ノワール。長い余韻が華やか。

原産地	日・北海道
生産者	TAKIZAWAワイン
ヴィンテージ	2017年
参考価格(税抜き)	4千円後半
輸入・販売	—
味わい	ライト
料理	ボロネーゼ

原産地	AVAウィラメットバレー／米、オレゴン州、ダンディー・ヒルズ
生産者	ドメーヌ・ドルーアン
ヴィンテージ	2014年
参考価格(税抜き)	7千円後半
輸入・販売	三国ワイン株
味わい	フル
料理	鶏の赤ワイン煮

`赤ワイン`

しなやかでエレガントな赤品種

■特徴

フランスのボルドーで、カベルネ・ソーヴィニヨンと栽培面積でトップの座を争う最もポピュラーな品種の一つです。世界的な栽培面積でも、毎年1、2位を争うほどです。カベルネ・ソーヴィニヨンと比べると、ふくよかなボディ、やわらかいタンニンが特徴で、滑らかなワインに仕上がります。育成が早い分、熟期を迎えると酸味が減少するため、摘み取りのタイミングの見極めが難しい品種です。過度の熟成は望ましくないため、冷涼な気候の方がコントロールしやすい面があります。また、冷たい粘土質の土壌を好む傾向があります。

■地域

ボルドーでは、右岸のサンテミリオンやポムロールでの栽培が盛んです。イタリアの北東部でも広く栽培されるほか、日本でも長野県で栽培され、高い評価を得ています。また、カベルネ・ソーヴィニヨンとブレンドされることによって熟成を早めるため、新世界の国々ではブレンドして用いられてきましたが、最近では単一品種として生産されることも一般的になってきています。

■豆知識

メルロ単一品種で造られたワインのなかには、世界的に有名なプレステージワインがいくつもあります。これらのワインは長期熟成により素晴らしい変貌をとげ、艶やかで妖艶なワインとなります。

ブドウ品種図鑑

原産地：仏・ボルドー地方
主な産地：仏（ボルドー、ラングドック）、伊・トスカーナ、米・カリフォルニア、長野
ワインの特徴：ふくよかな果実味、やわらかいタンニン

Merlot

Money Road Ranch Merlot

マネー・ロード・レンチ メルロ

驚きのコスパ！ボルドーに匹敵の仕上がり

Sonoro

ソノーロ

凝縮したベリーと優しいスパイスの風味

ナパヴァレーオークヴィル中心にある水はけの良い土壌で育つ。ボルドーのポムロール地域と似ており、メルロにとって最高の環境。滑らかなタンニンが特徴的。

原産地	AVAオークヴィル／米、カリフォルニア州、ナパ郡
主産者	ガルジウロ・ヴィンヤーズ
ヴィンテージ	2012年
参考価格（税抜き）	1万2千円
輸入・販売	横浜君嶋屋
味わい	フル
料理	関西風のうなぎ

設立は1889年、近年有機農法のブドウ栽培もはじめたワイナリーによるもの。滑らかな舌触りと、タンニン、複雑味が口のなかで交錯。

原産地	トスカーナIGT／伊、トスカーナ州
生産者	チェラルティ
ヴィンテージ	2015年
価格	1万円〜1万5千円
輸入・販売	横浜君嶋屋
味わい	フル
料理	仔羊のロースト

メルロ ワインカタログ

Château Le Tertre Roteboeuf
CH ル・テルトル ロートブフ

すべてのバランスが完璧
サンテミリオンの最高峰！

Merlot Private Collection
メルロ プライベート コレクション

タンニンがベストマッチ
しっかりとしたボディと

名だたるシャトーが並ぶサンテミリオン地区の特級畑で生まれた。色、香り、果実味、ボディなど、すべてのバランスが完璧。

原産地	AOCサンテミリオン・グランクリュクラッセ／仏、ボルドー地方、サンテミリオン地区
生産者	シャトー ル テルトル ロートブフ
ヴィンテージ	1992年
参考価格（税抜き）	オープン
輸入・販売	フィラディス
味わい	フル
料理	ローストビーフ

濃いガーネット色、豊かな果実味、しっかりしたボディとタンニンがあり、シンプルに美味しい赤。ワインの入門者に最適の1本。

原産地	DOカチャポアルヴァレー／チリ、セントラルヴァレー
生産者	トレオン・デ・パレデス
ヴィンテージ	2011年
参考価格（税抜き）	4千円後半
輸入・販売	日智トレーディング
味わい	フル
料理	牛のステーキ

赤ワイン

シラー
Syrah

スパイシーでグラマラスな赤

■特徴

フランス・ローヌ地方の代表的な品種です。温暖で、乾燥した気候を好みます。タンニンが力強く、長期熟成させるワインに向き、スミレやムスクの香りとスパイシーさが持ち味です。フランスの北ローヌ地方では、単一品種から高品質の赤ワインが生産されています。もう一つの銘醸地であるオーストラリアでは、国を代表する象徴的な品種として「シラーズ」と呼ばれ、アルコール濃度が高く、プルーンとビターチョコの風味を持ち、スパイシーさがあります。栽培される気候や風土、醸造方法によって香りや味に個性の違いが出るおもしろい品種です。

■地域

フランスの他、オーストラリアでは国内栽培面積１位で、最も重要な品種の一つとされています。カジュアルタイプからスパークリングまで、ラインナップも豊富です。カリフォルニア、南アフリカ、チリなどでも生産が拡大しています。

■豆知識

濃くてタンニンの強い品種と思われがちですが、長期熟成によりエレガントさや優しさを持ち合わせたワインになります。特に北ローヌには、驚くほどしなやかで妖艶なスタイルのワインを産出する造り手がいます。

ブドウ品種図鑑

原産地：仏・ローヌ地方
主な産地：仏・コート・デュ・ローヌ全域やラングドック地方、豪、スペイン、伊
ワインの特徴：強いタンニン、豊かなアロマ、スパイシー

Syrah

Cornas
コルナス

シルキーなタンニンのエレガントな味わい

北ローヌ地方の伝統的な樽でワインを造る数少ない造り手。凝縮された豊かな果実味は複雑で神秘的。熟成が進むとさらに華やかに。

原産地	AOCニルナス／仏、コート・デュ・ローヌ地方、北ローヌ地区
生産者	オーギュスト・クラープ
ヴィンテージ	2012年
参考価格(税抜き)	1万3千円
輸入・販売	横浜君嶋屋
味わい	フル
料理	牛のステーキ

Sallier de la Tour 'La MONACA'
サリエル・デ・ラトゥール 'ラ・モナガ'

180年以上の歴史を持つシチリアの造り手

シチリアのワイン生産者のリーダー的存在が造ったエレガントなワイン。スパイスやハーブ、バルサミコのようなコクのある味わい。

原産地	IGTシチリア／伊、シチリア州
生産者	タスカ・ダルメリータ
ヴィンテージ	2014年
参考価格(税抜き)	4千円後半
輸入・販売	アルカン
味わい	フル
料理	鶏のトマト煮込み

シラー ワインカタログ

Minervois Les Barons
ミネルヴォワ
レ・バロン

女性醸造家が造る理想的なビストロワイン

Saint-Joseph Cuvée du Papy Rouge
サンジョセフ
キュヴェ・デュパピィ
ルージュ

花、スパイス、バニラ…複雑な香りがエレガント

濃厚な黒い果実のコンポートの風味が、心地よい適度な樽のニュアンスと溶け合い、凝縮感と深みを感じさせる味わい。

原産地	AOCミネルヴォワ／仏、ラングドック・ルーション地方
生産者	シャトー・ドービア
ヴィンテージ	2013年
参考価格(税抜き)	2千円後半
輸入・販売	横浜君嶋屋
味わい	ミディアム〜フル
料理	赤身肉の料理、ジビエなど

濃厚な口当たりでしっかりしたタンニンがきれいに溶け込んでいる、品の良いシラー。余韻も長く、長期熟成に耐えるタイプ。

原産地	AOCサンジョセフ／仏、コート・デュ・ローヌ地方、北ローヌ地区
生産者	ドメーヌ・デュ・モンテイエ
ヴィンテージ	2015年
参考価格(税抜き)	6千円前半
輸入・販売	横浜君嶋屋
味わい	フル
料理	ジビエ

25

サンジョヴェーゼ

Sangiovese

赤ワイン

イタリアを代表するトスカーナの赤品種

■特徴

イタリア・トスカーナ地方の赤ワイン品種として有名ですが、実はイタリア全土で栽培され、イタリア最大の栽培面積を誇る国民的存在。果実味にあふれ、豊富なタンニンが特徴的です。スーパートスカーナのような高価なワインに使われたり、ポピュラーなキャンティになったり、日常飲みの安価なワインになったりと幅広く使われる品種で、栽培地域や醸造方法による個性の幅が広いのも特徴です。

■地域

イタリアの他、カリフォルニアでは、イタリア系の移民によって持ち込まれたブドウから栽培されるなど、イタリア品種としては唯一国際品種になっています。また、フランスのコルシカ島では、ニエルッチオという名で伝統的に栽培され、黒ブドウの主要品種です。

■豆知識

サンジョヴェーゼは、粒の小さいサンジョヴェーゼ・ピッコロ種と高品質なワインを生むサンジョヴェーゼ・グロッソ種に分かれ、地域によって呼び名もさまざまです。キャンティ地区はピッコロ系で「サンジョヴェーゼ」と呼び、モンタルチーノ地区ではグロッソ系を品種改良して「ブルネッロ」と呼び、モンテプルチャーノ地区ではグロッソ系を古くから「プルニョーロ・ジェンティーレ」と呼んでいたといわれています。

ブドウ品種図鑑

原産地：伊・トスカーナ地方
主な産地：トスカーナ地方を中心にイタリア全土、仏・コルシカ島、米・カリフォルニア州
ワインの特徴：果実味、タンニン

Sangiovese

Adone Rosso IGT Toscano

アドーネ ロッソ IGT トスカーノ

テロワールと歴史を映し出すサンジョヴェーゼ

Patrimonio Grotte di Sole Rouge

パトリモニオ グロット・ディ・ソール・ルージュ

産地でも入手困難！コルシカ島の幻ワイン

すみれ、チェリー、ブラックベリーなどの香りを持ち、バランスのとれたドライな味わい。有機栽培で丁寧に栽培されたブドウから土地の個性が表現されている。

赤や黒系の果実豊かな香りと共にスパイシーさも。甘い果実味とミネラル、フレッシュ感、適度なボリューム感のバランスが抜群。

原産地	IGTトスカーノ
生産者	コレマットーニ
ヴィンテージ	2016年
参考価格（税抜き）	2千円後半
輸入・販売	横浜君嶋屋
味わい	ミディアム
料理	魚介のトマトスープ、赤身肉

原産地	AOCパトリモニオ／仏、コルシカ島
生産者	ドメーヌ・アントワーヌ・アレナ
ヴィンテージ	2013年
参考価格（税抜き）	5千円後半
輸入・販売	横浜君嶋屋
味わい	フル
料理	生ハム、牛肉コロッケ、ハンバーグ

基本のブドウ品種

サンジョヴェーゼ ワインカタログ

Chianti Rufina Villa di Vetrice Riserva
キャンティ ルフィナ ヴィッラ・ディ・ヴェトリチェ レゼルヴァ

長期熟成ならではの洗練された豊かなコク

キャンティのなかでも銘醸地として知られるルフィナ地区。ここの銘酒を長期熟成させた「レゼルヴァ」はこなれた味わいが秀逸。

原産地	DOCGキャンティ／伊、トスカーナ地方
生産者	アジィエンダ・アグリコーラ・グラーティ
ヴィンテージ	2009年
参考価格(税抜き)	2千円前半
輸入・販売	モトックス
味わい	ミディアム
料理	生ハム、ピザ

Aprile Super Oakville Blend
エイプリル　スーパー オークヴィル　ブレンド

時間とともに凝縮された香りが花開く

時間とともにダークベリーなど凝縮した果実香とスパイス、オークの香りが立ち上がる。きめ細かなタンニンとボリューム感のあるワイン。

原産地	AVAオークヴィル／米、カリフォルニア州、ナパ郡
生産者	ガルジウロ・ヴィンヤーズ
ヴィンテージ	2012年
参考価格(税抜き)	1万2千円
輸入・販売	横浜君嶋屋
味わい	フル
料理	仔羊ローストバルサミコソース

テンプラニーニョ

Tempranillo

赤ワイン

イベリア半島の偉大な品種

■特徴

イベリア半島全域で生産されている、スペイン・ポルトガルを代表する黒ブドウ品種です。果皮が厚いという特徴があり、酸とタンニンが豊富。寒さにも強く、長期熟成型のワインを生み出す、カベルネ・ソーヴィニヨンとピノ・ノワール双方の特性を持ち合せています。まろやかで親しみやすいなかに、異国情緒のただよう味わいを持つ点も特徴です。以前は、長期間大樽で熟成したグラン・レゼルヴァの風味がもてはやされていましたが、最近では小樽熟成で果実味豊かなモダンタイプのワインに人気が出ています。

■地域

スペインのリオハ地方では古くからテンプラニーニョを主体にそのほかの土着品種をブレンドしたワインが造られてきました。巧みな樽使いと優れた品質基準で世界クラスのワインも産出しています。テンプラニーニョはポルトガルでは「ティンタ・ロリス」または「アラゴネス」と呼ばれています。

■豆知識

テンプラニーニョの「Temprano」は「早熟」という意味があり、同じくスペインで代表的なブドウ品種でもあるガルナチャ種に比べても、約2週間も早く成熟します。

30　基本のブドウ品種

ブドウ品種図鑑

原産地：スペイン・リオハ、ナバーラ
主な産地：エブロ河流域を中心にスペイン全土、ポルトガル
ワインの特徴：果実香、花の香り、スパイス香、豊かなタンニン

Tempranillo

Termanthia Toro
テルマンシア トロ

最高の区画の
樹齢120年以上の樹から収穫される
トロ地方のダイアモンド

Martin Cendoya Reserva
マルティン・センドージャ レゼルヴァ

バランスに優れ、
ボリューム感のあるワイン

ビロードのように滑らかなタンニンと、
ココア、トリュフ、ミネラルやトーストの
アロマを長い余韻で感じさせる力強く
緻密なワイン。

樹齢100年以上の古木から果実味と
凝縮感を大切に造られたリオハワイン。
果実味と樽香とのバランス、肉付きも
良い。

原産地	DOトロ／スペイン、カスティーリャ・レオン州
生産者	ヌマンシア
ヴィンテージ	2010年
参考価格（税抜き）	2万6千円後半
輸入・販売	NHD
味わい	フル
料理	長時間煮込んだ牛テール

原産地	DOCリオハ／スペイン、リオハ
生産者	エグーレン・ウガルテ
ヴィンテージ	2011年
参考価格（税抜き）	4千円前半
輸入・販売	モトックス
味わい	フル
料理	粗挽きハンバーグ

基本のブドウ品種

テンプラニーニョ ワインカタログ

Celeste Crianza
Ribera del Duero
セレステ・クリアンサ（リベラ・デル・ドゥエロ）

しっかりしたタンニンと豊かなコク

VIÑAS DE GAIN 2002
ヴィーニャス・デ・ガイン2002

高い評価を得る造り手の価値ある1本

北斗七星のラベルが印象的。カシスなど黒系果実とスパイスの香りがあり豊かなコクと酸、タンニンのバランスが絶妙。

熟した黒系の果実に湿った土、スパイスと複雑な香りがあり、口のなかで果実味が開く。しっかりとしたタンニンが印象的。

原産地	DOCリベラ・デル・ドゥエロ／スペイン、カスティーリャ・レオン州
生産者	トーレス
ヴィンテージ	2015年
参考価格（税抜き）	3千円
輸入・販売	エノテカ
味わい	フル
料理	鴨やうずらのロースト

原産地	DOCリオハ／スペイン、リオハ
生産者	アルタディ
ヴィンテージ	2015年
参考価格（税抜き）	4千円後半
輸入・販売	ヴィントナーズ
味わい	ミディアム
料理	牛の和風ステーキ

ネッビオーロ

Nebbiolo

赤ワイン

イタリア人も憧れるピエモンテ発のイタリア最高品種

■特徴

イタリアを代表する最高品種です。長期の樽熟成により、透明感のあるガーネット色になります。強烈なタンニンと酸味が特徴で、飲みごろになるまでに時間を要するため、数年の法定熟成期間が設けられています。土壌と日当たり等の栽培条件がきわめて難しいといわれています。ピエモンテ州を中心に、イタリア北部のごく限られた地域でのみ少量栽培されている品種ですが、バローロやバルバレスコを筆頭に、銘醸ワインを数多く産出しています。

■地域

ネッビオーロは地域により「スパンナ」、「キアヴェンナスカ」と別名で呼ばれていますが、正確にはネッビオーロ・スパンナ、ネッビオーロ・ミケ、ネッビオーロ・ランピアなどの種類に分かれます。世界的にも有数の銘醸ワインを生みだすピエモンテ州のバローロやバルバレスコ地区ではミケやランピアが原料となります。

■豆知識

単一品種での醸造が一般的なため、テロワールや醸造の個性がワインに反映されます。栽培地域が限定されるうえに熟成に時間を要する気難しい品種ですが、回転発酵タンクの導入や昔ながらの大樽を200ℓのバリック樽に変えるなど造り方のスタイルも多様化し、近年では早くからまろやかに飲めるモダンなネッビオーロも人気です。

ブドウ品種図鑑

原産地：伊・ピエモンテ州
主な産地：主に伊・ピエモンテ州、北部とサルディニア地方でも僅かに栽培
ワインの特徴：強いタンニン、酸味

Nebbiolo

Nebbiolo d'Alba Valmaggiore
ネッビオーロ・ダルバ ヴァルマッジオーレ

花やベリーの香りを放つ優雅で芳醇なワイン

Langhe Nebbiolo
ランゲ ネッビオーロ

まとまりのある果実味と滑らかな舌触り

繊細で優美な味わいで、レッドベリー、ブラックベリーなどの香りにわずかな樽のニュアンスがプラス。複雑でエレガントな風味。

イチゴやアセロラの果実香にハーブやコーヒーなどのアクセントが効いた滑らかな舌触りが特徴。

原産地	DOCネッビオーロ・ダルバ／伊、ピエモンテ州
生産者	ルチアーノ・サンドローネ
ヴィンテージ	2016年
参考価格(税抜き)	6千円前半
輸入・販売	ジェロボーム
味わい	ミディアム
料理	ミラノ風カツレツ

原産地	DOCランゲ／伊、ピエモンテ州
生産者	カーサ・ヴィニコラ・ニコレッロ
ヴィンテージ	2003年
参考価格(税抜き)	1千円後半
輸入・販売	モトックス
味わい	ミディアム
料理	カマンベールチーズ

ネッビオーロ ワインカタログ

Barolo Case Nere
バローロ
カーゼ・ネーレ

アルコール度数が高く重厚な味わいのワイン

Barbaresco Vanotù
バルバレスコ
'ヴァノトゥ'

良質な土壌が生み出す力強さと優しさのバランス

しっかりとした果実香のなかに皮やカカオを思わせるスパイシーで複雑な香りがある。

豊かな果実味としっかりとしたタンニンの力強い味わいと、ブルゴーニュのワインを思わせる優しさのバランスが絶妙。

原産地	DOCGバローロ／伊、ピエモンテ州
生産者	エンツォ・ボリエッティ
ヴィンテージ年	2011年
参考価格(税抜き)	1万円
輸入・販売	フードライナー
味わい	フル
料理	仔羊のロースト

原産地	DOCGバルバレスコ／伊、ピエモンテ州
生産者	ペリッセロ
ヴィンテージ	2006年
参考価格(税抜き)	1万1千円
輸入・販売	フードライナー
味わい	フル
料理	肉料理、煮魚

カベルネ・フラン

赤ワイン

Cabernet Franc

カベルネ・ソーヴィニヨンの原種といわれる

■特徴

カベルネ・ソーヴィニヨンよりもやや早熟で天候による影響も少ない品種なので、冷涼な気候でもよく育ちます。色調はカベルネ・ソーヴィニヨンよりも淡い色合いでタンニンもひかえめなので、ボルドー左岸では補助品種といった使われ方が一般的です。パワーよりもエレガンスが重要視されるような昨今の流行により、カベルネ・フランの地位は以前よりは高まっています。他品種にブレンドすることで複雑な味わいが増し、余韻の長いバランスのとれたワインになります。

■地域

ボルドー右岸やロワール河中流域では、カベルネ・フラン主体の上品なワインが産出されます。また、イタリア・トスカーナ州の海沿いの産地や新世界でも、カベルネ・フランの人気が高まってきています。

■豆知識

カベルネ・ソーヴィニヨンの原種といわれています。サンテミリオンの格付けの頂点にたつCHシュヴァル・ブランは、ブレンドの半分以上にカベルネ・フランを使用しています。高品質を誇り、世界中で高額で取引されるワインです。

ブドウ品種図鑑

原産地：仏・ボルドー地方
主な産地：仏・ボルドー地方、ロワール、トスカーナ、米・カリフォルニア
ワインの特徴：ベジタブル香、ピーマン香、スパイシー、果実香

Cabernet Franc

Saumur Champigny
Les Rogelins

ソーミュール・
シャンピニ
レ・ロジュラン

やわらかな口当たりと
つややかなタンニン

Touraine Rouge

トゥーレーヌ
ルージュ

伝統的な技法で
引き出したブドウ本来の力

熟したカシスやブルーベリーなど黒系果実香とやわらかな口当たりが心地良い。今飲んでも数年後飲んでも楽しめる1本。

原産地	AOCソーミュール・シャンピニ／仏、ロワール地方
生産者	ドメーヌ・ルネ・ノエル・ルグラン
ヴィンテージ	2010年
参考価格（税抜き）	5千円
輸入・販売	横浜君嶋屋
味わい	ミディアム
料理	牛すじ煮込み、ブリ照り焼き、粗挽きハンバーグ

自然農法でブドウを栽培。熟したベリー、スミレ、スパイスの香りと細かなタンニンがあるピュアでチャーミングなワイン。

原産地	AOCトゥーレーヌ／仏、ロワール地方
生産者	シャトー・ド・ラ・ロッシュ
ヴィンテージ	2015年
参考価格（税抜き）	3千円後半
輸入・販売	横浜君嶋屋
味わい	ミディアム
料理	焼き鳥、メンチカツ

カベルネ・フラン ワインカタログ

Paleo Rosso
パレオ・ロッソ

うまみと酸味が織りなす
ハーモニーを味わう

Pensées de Lafleur
パンセ・ド・ラフルール

この地区最高のワインの
セカンドラインは絶賛級

ブラックベリーなど黒系の果実香があり、うまみと酸味の調和がとれている。大きめのグラスで香りを開かせながら楽しんで。

銘醸地で知られるポムロール地区でペトリウスと並び最高とされるワインのセカンドライン。その香り、味わいともに素晴らしい1本。

原産地	DOCボルゲリ／伊、トスカーナ地方
生産者	アジィエンダ・アグリコーラ・レ・マッキオーレ
ヴィンテージ	2014年
参考価格(税抜き)	1万1千円後半
輸入・販売	モトックス
味わい	フル
料理	ビーフシチュー

原産地	AOCポムロール／仏、ボルドー地方
生産者	シャトー ラフルール
ヴィンテージ	1992年
参考価格(税抜き)	オープン
輸入・販売	ジャパンインポートシステム
味わい	フル
料理	牛フィレステーキトリュフソース

Grenache/Garnacha
グルナッシュ/ガルナチャ　赤ワイン

南仏やスペインで愛され続けているブドウ

■特徴

温暖で乾燥した気候を好む品種で、南仏やスペインで広く栽培されています。多産性で熟しやすい品種で、ワインに豊かな果実味とボリューム感を与えるので、ほかの地品種とブレンドしたり、単一で造られることもあります。

■地域

南仏では「グルナッシュ」、スペインでは主に「ガルナチャ」、イタリアのサルディニア地方では「カンノノウ」と呼ばれ栽培されています。

■豆知識

ライトからフルボディまで、幅広いタイプのワインがあります。シャトー・ヌフ・ド・パプ村の『シャトー・レイヤーズ』のように、単一で偉大なワインもあります。

原産地：
スペイン・アラゴン（伊・サルディニアの説もあり）
主な産地：
仏南部、スペイン、伊・サルディニア地方、豪、米・カリフォルニア
ワインの特徴：
しっかりした骨格、力強いタンニン、渋み

グルナッシュ / ガルナチャ ワインカタログ

Gigondas
Cuvée Florence

ジゴンダス キュヴェ・フローレンス

さまざまな香りの要素が調和した1本

果実やスパイス、野性的な香りが複雑にからみ合い、調和している。しっかりとしたタンニンがあり、深い味わいが個性的。

原産地	AOCジゴンダス／仏、コート・デュ・ローヌ地方、南ローヌ地区
生産者	ドメーヌ・レ・グベール
ヴィンテージ	2014年
参考価格(税抜き)	5千円後半
輸入・販売	横浜君嶋屋
味わい	フル
料理	仔羊のロースト

Cannonau di Sardegna

カンノナウ・ディ・サルディニア

チャーミングな甘みと爽やかな酸の好バランス

プラム、ベリーの果実香と薬草のような清々しさが爽やか。赤い果実の甘みがあり、酸が味を引き締める。飲み飽きしないタイプ。

原産地	D.O.C.カンノナウ・ディ・サルディニア／伊、サルディニア島
生産者	ピエロ・マンチーニ
ヴィンテージ	2016年
参考価格(税抜き)	2千円
輸入・販売	モトックス
味わい	ミディアム
料理	鶏のトマト煮込み

Gamay
ガメイ

赤ワイン

ボジョレーの原料になる品種

■特徴
ブルゴーニュ地方南部のボジョレー地区で栽培されている、おなじみボジョレーヌーボーの品種です。14世紀末まではブルゴーニュ全体で栽培されていましたが、当時のブルゴーニュ公の「ガメイ禁止令」によりピノ・ノワールに植え替えられ、ガメイはボジョレー地方のみが栽培地となりました。殆どのワインは軽やかでフルーティ、チャーミングな味わいが特徴です。

■地域
ボジョレー北部の10の村からなるクリュ・ボジョレーは限定された上質な区画。それぞれのテロワールを反映したワインが造られ、なかには長期熟成により素晴らしくエレガントなワインに姿を変えるものもあります。

■豆知識
ブルゴーニュ地方ではピノ・ノワールにガメイをブレンドして造る『パス・トゥ・グラン』や『グラン・オーディネール』というワインがあります。

原産地：
仏・ブルゴーニュ地方
主な産地：
仏・ブルゴーニュ地方　ボジョレー地区
ワインの特徴：
イチゴ、フルーティ

ガメイ ワインカタログ

Fleurie
Chapelle des Bois

フルーリー
シャペル デ ボワ

100％ビオで実現した、フルーティな味わい

Leroy
Beaujolais Villages

ルロワ・ボジョレー
ヴィラージュ

ブルゴーニュ最上級の造り手ルロワのリーズナブルな1本

果実由来の自然な甘みとキュッと引き締まった酸のバランスが抜群。ボジョレー地区の良さを再確認できる1本。

原産地	AOCフルーリー／仏、ブルゴーニュ地方、ボジョレー地区
生産者	ドメーヌ・ド・ラ・グラン・クール
ヴィンテージ	2016年
参考価格(税抜き)	4千円後半
輸入・販売	横浜君嶋屋
味わい	ミディアム
料理	クラムチャウダー

「完璧主義」「神の嗅覚」と呼ばれるマダム・ルロワによるお手頃な1本。豊かな果実味と強さと女性的な優しさが両立。

原産地	AOCボジョレー・ヴィラージュ／仏、ブルゴーニュ地方、ボジョレー地区
生産者	メゾン・ルロワ
ヴィンテージ	2017年
参考価格(税抜き)	4千円
輸入・販売	グッドリブ
味わい	ミディアム
料理	砂肝のコンフィ、鶏レバー

Malbec
マルベック

赤ワイン

ポリフェノールをたっぷり含む品種

■特徴
ボルドーより雨が少なく、完熟したブドウが造りやすいフランス南西部のカオール等で主要品種として栽培されています。果皮が厚くタンニンが豊富で、「ブラックワイン」といわれる濃厚な色のワインが生産されています。石灰質の土壌と相性が良く、長期の熟成に耐えるワインです。

■地域
新世界のアルゼンチンでは、国を代表する品種としての地位を確立しています。フランスの農業技師によって持ち込まれた品種は、現在では全栽培面積の3割以上にもなっています。標高が高く、日差しが強く、昼夜の温度差が激しいメンドーサなどでは、濃厚な果実感のワインが生産されています。

■豆知識
カオール地方では昔から「オーセロワ」と呼ばれていますが、そのほかの南西地方とロワール地方では「コー」、ボルドーやアルゼンチンでは「マルベック」と呼ばれています。黒ブドウのなかでもポリフェノールの含有量が高い品種です。

原産地：
仏・南西地方
主な産地：
仏・南西地方、ボルドー地方、ロワール地方、アルゼンチン
ワインの特徴：
プラム、黒系果実、タンニン

マルベック ワインカタログ

Cahors
カオール

Alpamanta Estate Malbec
アルパマンタ エステイト マルベック

ステーキと相性の良いワイン

しなやかなタンニンと奥ゆきのあるボディ

紫がかった濃い色調で、黒系の凝縮した果実とスパイスの香りがあり濃厚な味わい。

ブラックベリー、ナッツ、スミレ、焼いた肉など複雑な香りがあり、第一印象は濃い印象。のちに心地良い酸味広がり、ふくよかに。

原産地	AOCカオール/仏、南西地方
生産者	ドメーヌ・ラ・クロ・ダンジュール
ヴィンテージ	2014年
参考価格(税抜き)	3千円
輸入・販売	ラフィネ
味わい	フル
料理	牛肉のペッパーステーキ

原産地	アルゼンチン、メンドーサ地区
生産者	アルパマンタ エステイト・ワインズ
ヴィンテージ	2011年
参考価格(税抜き)	3千円前半
輸入・販売	モトックス
味わい	フル
料理	牛や羊の炭火焼き

Zinfandel
ジンファンデル

赤ワイン

アメリカ固有の品種

■特徴

アメリカのカリフォルニア州でかなり古くから栽培されているカリフォルニア固有の品種で、ソノマやナパ地方を中心に樹齢100年を超える古木が存在します。起源については諸説があり明確ではありませんが、19世紀前半にヨーロッパから苗木が持ち寄られたとされています。栽培は難しいといわれていますが、多様なワインに仕上げることが可能な品種です。

DIRECTOR'S CUT ZINFANDEL

ディレクターズ・カット ジンファンデル

ワインも映画もカリフォルニアが発信したアートであると言う想い

ソノマのテロワールに敬意を表し、しっかりとした骨格と複雑さ、果実のスパイシーな特徴がよく表現された華やかなワイン。

原産地	AVAソノマカウンティ／米、カリフォルニア州、ドライクリークヴァレー
生産者	フランシス・フォード・コッポラ・ワイナリー
ヴィンテージ	2015年
参考価格(税抜き)	4千円後半
輸入・販売	ワイン・イン・スタイル
味わい	ミディアム〜フル
料理	子羊のロースト

原産地:
不明
主な産地:
米・カリフォルニア州
ワインの特徴:
イチゴ香、果実味、スパイシー

タナ
Tannat

赤ワイン

フランス・南西地方の代表的ブドウ品種

■ 特徴

フランスの南西地方のピレニー地区で古くから栽培されている品種です。紫がかった深い色合いと強いタンニン、野性味あふれる味わいが一般的な特徴ですが、今日では強いタンニンを抑えまるみのあるワインに仕上げる生産者も多くいます。長期熟成能力を秘めたワイン。

原産地：
仏・南西地方
主な産地：
仏・ガスコーニュ地方、ランド南部、南米
ワインの特徴：
強いタンニン、スパイシー

Madiran
Cuvée du Couven

マディラン キュヴェ・デュ・クーヴァン

複雑な香りとなめらかなバランス

注ぎたてのベリー香からバニラ、スパイス、土などさまざまな香りが。凝縮した果実味とスパイシーさが特徴の濃厚なフルボディ。

原産地	AOCマディラン／仏、南西地方
生産者	ドメーヌ・カップマルタン
ヴィンテージ	2013年
参考価格（税抜き）	3千円後半
輸入・販売	横浜君嶋屋
味わい	フル
料理	豚肩ロースのペッパー焼き

ムールヴェードル
Mourvedre

赤ワイン

フランスの黒ブドウ

■ 特徴

南仏で「ムールヴェードル」、スペインでは「モナストレル」、オーストラリアでは「マタロ」と呼ばれる黒ブドウで、フランスのプロヴァンス地方バンドール地区の主要品。スペインではテンプラニーニョ、グルナッシュ(ガルナチャ)に次ぐ重要品種です。小粒で糖度が高く、果皮も厚いため、香味とタンニンが強烈で、アルコール分も高く、熟成にも十分耐え得るワインが生産されています。

原産地：
スペイン
主な産地：
南仏、スペイン、豪
ワインの特徴：
果実の凝縮感、力強いタンニン

Faugères・Valinière 2013

**フォジェール
ヴァリニエール**

十分な果実味と、酸に支えられたフレッシュさ

ビオロジックで育てられたブドウ由来の上品な味わい。凝縮した果実味と奥行き、すべての要素が高いレベルでまとまっている。

原産地	AOCフォジェール／仏、ラングドックルーション地方
生産者	ドメーヌ・レオン・バラル
ヴィンテージ	2013年
参考価格(税抜き)	7千円後半
輸入・販売	ラシーヌ
味わい	フル
料理	生ハム、牛肉のトマト煮込み

50　基本のブドウ品種

Aglianico
アリアニコ

> 赤ワイン

ギリシャ原産の品種

■ 特徴

ギリシャを意味する「Ellenico」が名前の由来といわれ、古代ギリシャ人からイタリアにもたらされたとされるイタリア最古の品種の一つです。カンパーニャ州・タウラージやバジリカータ州・ヴルトゥーレで栽培されたアリアニコからは、濃いルビー色で、香りが高く、濃厚で強いフレーバーのワインが生産されています。

原産地：
ギリシャ
主な産地：
伊・カンパーニャ州、バジリカータ州、プーリア州、モリーゼ州など
ワインの特徴：
強いタンニン、凝縮した果実味、野性的

Taurasi
Radici Riserva

**タウラージ
ラディーチ・レゼルヴァ**

**バラやスパイスの香りが
複雑に混じり合う**

完熟プラムやバラ、スパイス、土やなめし革の香りが複雑にからみ合いキメ細かいタンニンとマッチ。余韻が長くエレガントなワイン。

原産地	DOCGタウラージ／伊、カンパーニャ州
生産者	マストロ　ベラルディーノ
ヴィンテージ	2007年
参考価格(税抜き)	6千円後半
輸入・販売	モトックス
味わい	フル
料理	ジビエ、牛赤ワイン煮

ツヴァイゲルト
Zweigelt

赤ワイン

カリフォルニアで注目される

■ 特徴

1922年、オーストリアのツヴァイゲルト博士が、ブラウフレンキッシュとザンクトラウレントの交配により開発した黒ブドウです。現在オーストリア国内で最も広く栽培され、国外でもカナダ、チェコ、スロヴァキア、アメリカ、日本の北海道など、取り扱う国が徐々に増えています。一般的に、酸、タンニンが比較的まろやかでフルーティなワインが多いのですが、栽培する土地のテルワールによって味わいの特徴が異なります。

原産地：
オーストリア
主な産地：
オーストリア、ドイツ
ワインの特徴：
フルーツの風味、強いタンニン

Kremser Schmidt
Blauer Zweigelt

**クレムザー・シュミット
ブラウアー・ツヴァイゲルト**

和食とも好相性、
優しく可憐な
ツヴァイゲルト

滑らかで柔らかい口当たりが魅力的。チャーミングでフレッシュなサクランボの香りや、ほのかなホワイトペッパーのヒント。

原産地	オーストリア/ニーダーエスタライヒ
生産者	ヴィンツァー・クレムス
ヴィンテージ	2015年
参考価格（税抜き）	1千円前半
輸入・販売	スマイル
味わい	ミディアム
料理	お出汁で煮た切り身魚や肉じゃが

バルベラ/バルベーラ
Barbera

赤ワイン

イタリア・ピエモンテ州の人気品種

■特徴

北イタリアで栽培されていますが、ピエモンテ州が最大の産地。日当たりと風通しの良い丘陵地帯を好み、しっかりとした酸と穏やかなタンニンが特徴です。生産量が多くかつてはピエモンテの庶民のワインとして親しまれていましたが、実は高級ワインとなり得る高いポテンシャルを秘めていました。

原産地：
イタリア
主な産地：
伊・ピエモンテ州、米・カリフォルニア
ワインの特徴：
酸味、スパイシー、穏やかなタンニン

Barbera d'Asti
Ai Suma

**バルベラ・ダスティ
アイ・スーマ**

ブドウの優良年のみに生産される確かな1本

ブドウの良年に発した「やったぞ！(Ai Suma)」がそのままワイン名に。凝縮された果実味と力強いボディ、エレガントな味わいの1本。

原産地	DOCGバルベラ・ダスティ／伊、ピエモンテ州
生産者	ブライダ
ヴィンテージ	2015年
参考価格(税抜き)	1万2千円
輸入・販売	フードライナー
味わい	フル
料理	仔羊のロースト

シャルドネ
Chardonnay

白ワイン

世界中で栽培されている白ワインの代表

■特徴

フランス・ブルゴーニュ地方が原産ながら、テロワールへの適応能力が高く、今では世界中で栽培されている白ワインの代表品種です。固有のくせがないニュートラルな品種のため、それが逆にテロワールの違いによる個性を出しやすいともいえます。冷涼地では柑橘系、温暖な産地ではトロピカルフルーツと、品質やラインナップも幅広いものが生産されています。発芽が早く、冷涼地では遅霜の被害を受けることもありますが、泥炭や石灰質の土壌で、偉大なるワインが誕生しています。

■地域

冷涼なシャンパーニュ地方から、温暖なオーストラリアまで、世界各地で生産され、それぞれの国や地域で主力品種となっています。カジュアルなワインからスパークリングワイン、モンラッシュのような長期熟成に耐える、偉大なワインも生産されています。

■豆知識

『三銃士』の著者アレクサンドル・デュマが「脱帽し、跪いて飲むべし」と賛辞したことでも有名な白ワインの世界最高峰、そして白ワインの頂点といわれるブルゴーニュの『モンラッシェ』もシャルドネから造られます。シャルドネはテロワールと造り手の努力と期待を裏切らずにすべての要素を引き出してくれる優秀かつ高貴な品種です。

ブドウ品種図鑑

原産地：仏・ブルゴーニュ地方
主な産地：仏、米・カリフォルニア、豪、伊、チリ、アルゼンチン
ワインの特徴：テロワールと造りが反映されやすい

Chardonnay

Pouilly Fuisse
Clos Reyssie Reserve
Particuliere

プイィ フィッセ
クロ・レイシエ
レゼルヴ
パティキュリエール

熟した南国果実の
甘く豊かな香り

Kistler Vine Hill
Vineyard

キスラー
ヴァインヒル・
ヴィンヤード

熟成の楽しみも秘めた
長く美しい酸

ハチミツを連想させるとろみ、トロピカルフルーツやナツメグやクローブなどエキゾチックなスパイスの香りが官能的。バランスのよい酸もあり、リッチな味わい。

ボリューム感と美しい酸が両立したアメリカ最高峰の白ワイン。パイナップルの香りと長い余韻があり、熟成が楽しみな1本。

原産地	AOCプイィ フィッセ/仏、ブルゴーニュ地方 マコネー地区
生産者	ドメーヌ・ヴァレット
ヴィンテージ	2008年
参考価格(税抜き)	1万円
輸入・販売	横浜君嶋屋
味わい	フル・辛口
料理	ホタテやエビのムース

原産地	AVAロシアンリヴァーヴァレー/米、カリフォルニア州、ソノマ郡
生産者	キスラーヴィンヤード
ヴィンテージ	2014年
参考価格(税抜き)	2万1千円
輸入・販売	横浜君嶋屋
味わい	フル・辛口
料理	白身魚のレモンバターソース

56　基本のブドウ品種

シャルドネ ワインカタログ

Vin Blanc l'Etoile
ヴァン・ブラン レトワール

特有のスモーキーなニュアンスは伝統的な造りにこだわる証し

Chassagne Montrachet 1er Cru Morgeot
シャサーニュ モンラッシェ 1erクリュ'モルジョ'

ブルゴーニュ特有の一流の奥深い味わい

この土地のワイン特有のスモーキーな引き締まった口当たりバランスの良い軽快な酸とミネラル感があり、アフターに心地よい柑橘系のほろ苦さがありドライな味わいで余韻も長く口中に広がって残る。

原産地	AOCレトワール／仏、ジュラ地方
生産者	ドメーヌ・ド・モンブルジョー
ヴィンテージ	2015年
参考価格(税抜き)	4千円
輸入・販売	横浜君嶋屋
味わい	ミディアム、辛口
料理	コハダやシンコのにぎり鮨 鰯のつみれ揚げ

フルーツのフレッシュで華やかな香りと、アーモンドのようなナッツの香りが複雑にからみ合う。一級畑ならではの味わい。

原産地	AOCシャサーニュモンラッシェ・プルミエクリュ／仏、ブルゴーニュ地方、コート・ド・ボーヌ地区
生産者	ドメーヌ・ブルーノコラン
ヴィンテージ	2016年
参考価格(税抜き)	1万4千円
輸入・販売	ラックコーポレーション
味わい	フル、辛口
料理	手長エビのクリームパスタ

ソーヴィニヨン・ブラン

Sauvignon Blanc

白ワイン

食中酒として実力を発揮する

■特徴

青草を思わせるグリーンノートが特徴。爽やかでキレの良い白ワインになります。産地はフランスのロワール地方やボルドーが有名ですが、現在では各国のワイン産地で栽培され、ワインは単一、または他品種にブレンドして造られます。一般にフレッシュ感を味わう早飲みタイプが多いのですが、熟成を楽しめる厚みのある高価なワインもあり、味わいも産地によって多様です。

■地域

単一品種のワインとしては、フランスのロワール地方やニュージーランドなど、比較的冷涼な産地が有名です。ボルドー地方では、セミヨンとのブレンドや樽熟成などにより、滑らかで厚みのあるボディと寿命が与えられています。骨格を持った品種に対して、香りや酸味を与えたい場合にブレンドされることが多い品種といえます。

■豆知識

世界的に栽培されている人気の品種で、個性を象徴するグリーンノートのアロマは産地共通です。ソーヴィニヨン・ブランの人気の秘密は、食事に寄り添うような食中酒としての魅力でしょう。

58　　基本のブドウ品種

ブドウ品種図鑑

原産地：仏・ロワール地方
主な産地：仏・ロワール地方、ボルドー地方、ニュージーランド、伊、豪、チリ、アルゼンチン
ワインの特徴：青草香、ハーブ香、柑橘香、酸味

Sauvignon Blanc

All That Jazz
Sauvignon Blanc

**オールザットジャズ
ソーヴィニヨン・ブラン**

ラベルのように
イメージはグリーン

Sauvignon Blanc
Valle de Rengo

**ソーヴィニヨン・ブラン
ヴァレ・デ・レンゴ**

爽やかでフレッシュ
家庭に常備したい1本

ライムやハーブなど、グリーンを思わせる香りや味がフレッシュ。口のなかで弾けそうな若々しい白ワインは、冷やして飲むのに最適。

原産地	マールボロ／ニュージーランド、南島
生産者	オール・ザット・ジャズ
ヴィンテージ	2017年
参考価格（税抜き）	2千円後半
輸入・販売	Aワインズ
味わい	ミディアム・辛口
料理	レモンを絞った焼き魚、鶏のソテー

ボリュームはあるが濃過ぎず、立体感のあるうまみが続く。このブドウ特有の爽やかさで家庭料理との相性が良く、常備したい1本。

原産地	DOカチャポアルヴァレ―／チリ、セントラルヴァレー
生産者	トレオン・デ・パレデス
ヴィンテージ	2018年
参考価格（税抜き）	1千円後半
輸入・販売	（株）日智トレーディング
味わい	ミディアム・辛口
料理	焼き魚、白身の刺身

60　基本のブドウ品種

ソーヴィニヨン・ブラン ワインカタログ

Sancerre
Les Monts Damnes
**サンセール
レ・モン・ダネ**

豊富な日照で育まれた
絶妙なバランス

Vieris Sauvignon Blanc
**ヴィエリス
ソーヴィニヨン・ブラン**

豊かな果実味と
爽やかな余韻

日射量の多い急斜面の畑で収穫されたブドウを使用。スモーキーさと果実味が見事に調和している。シェーブルチーズとの相性は抜群。

ハチミツ漬けにしたグレープフルーツのような甘く爽やかな香りが印象的。酸味、アタックともに控えめで、飲みやすい白ワイン。

原産地	AOCサンセール／仏、ロワール地方
生産者	ドメーヌ・アンドレ・ヌヴー・エ・フィス
ヴィンテージ	2016年
参考価格（税抜き）	4千円後半
輸入・販売	横浜君嶋屋
味わい	ミディアム・辛口
料理	焼き魚、シェーブルチーズ

原産地	DOCフリウリ イソンツォ／伊、フリウリ ヴェネツィア・ジューリア州
生産者	ヴィエ・ディ・ロマンス
ヴィンテージ	2016年
参考価格（税抜き）	5千円前半
輸入・販売	モトックス
味わい	ミディアム・辛口
料理	焼き鳥、貝の煮付け

リースリング
Riesling

白ワイン

冷涼な気候条件を好む気品に満ちた高貴な品種

■特徴

ドイツ原産で冷涼な気候を好み耐寒性があり、単一品種で使用されることが一般的です。リースリングは栽培される土地の気候風土と個性をより明確に表現する品種で、「テロワールを映し出す鏡」ともいわれています。気品ある香りとシャープで豊かな酸があり、フレッシュな若飲みタイプから長期熟成タイプ、辛口から極甘口のデザートタイプまで多種多様なスタイルが造られることで、最近ではリースリングの人気が復活しています。

■地域

最大の産地はなんといってもドイツで、冷涼な気候と豊かなミネラル質を含む土壌が高品質なリースリングを生み出しています。またフランス・アルザス地方、オーストリアなどのドイツと国境を接する地域でも素晴らしいワインを産出しています。

■豆知識

ドイツやアルザス地方のリースリングが優美で繊細な味わいを持つのに対して、新世界のリースリングはダイナミックでパワフルな印象です。

ブドウ品種図鑑

原産地：独・ラインガウ地方
主な産地：独、仏・アルザス地方、豪
ワインの特徴：酸味、花の香り

Riesling

Riesling Grand Cru
Sommerberg E

リースリング
グラン・クリュ
ソマーベルグ E

複雑で高貴な香りの
アルザスのグランクリュ

Saar Riesling

ザール
リースリング

ピュアなミネラル感、
品の良い柑橘系の風味

白や黄色の花やミツ、若いマンゴー、桃、白いスパイス……と香りは複雑でグランクリュらしい高貴さがある。誰が飲んでも美味しい1本。

バランスの良い果実感にミネラル感と酸が溶け合い、有機栽培で丁寧に育てられたブドウのポテンシャルがストレートに表現されている辛口ワイン。

原産地	AOCアルザス・グランクリュ/仏、アルザス地方
生産者	ドメーヌ・アルベール・ボクスレ
ヴィンテージ	2013年
参考価格(税抜き)	9千円後半
輸入・販売	横浜君嶋屋
味わい	ミディアム・辛口
料理	牡蠣やホタテのオーブン焼き

原産地	独、モーゼル地方、ヴィルティンゲン村
生産者	ファン・フォルクセン
ヴィンテージ	2017年
参考価格(税抜き)	3千円後半
輸入・販売	ラシーヌ
味わい	ミディアム・辛口
料理	鮨、春野菜の天ぷら

リースリング ワインカタログ

Poema Vieilles Vignes
ポエマ
ヴィエイユ・ヴィーニュ

やわらかな口当たりと
ミネラルの余韻

Rejistro Vino Frizzante
レジストロ　ヴィーノ
フリッツァンテ

食前酒としても
楽しめる弱発泡性

なめらかな口当たりから想像つかないほど、豊かなミネラルの余韻が広がる。リースリングが育つ石灰土壌の特徴が花開く1本。

食卓に1本あれば、食事中はもちろん、食前酒としても楽しめる弱発泡性の白ワイン。暑い日によく冷やして飲むのがおすすめ。

原産地	セルビア共和国
生産者	ボンジロー
ヴィンテージ	2013年
参考価格（税抜き）	3千円後半
輸入・販売	かない屋
味わい	ミディアム・辛口
料理	サラダなどの前菜

原産地	IGTフリッツァンテ／伊、ウンブリア州
生産者	カンティーナ・テュデルナム
ヴィンテージ	NV
参考価格（税抜き）	1千円後半
輸入・販売	かない屋
味わい	ミディアム・辛口
料理	豚の冷しゃぶ

※NVは「ノン・ヴィンテージ」の意味。収穫年の異なるブドウを使用しているため、収穫年を記載しない。

シュナン・ブラン

Chenin Blanc

白ワイン

たっぷりとした酸味を活かし辛口から極甘口まで造られる

■ 特徴

シュナン・ブランはフランスのロワール河流域が原産で、冷涼な気候と石灰質土壌の土地で個性を発揮する品種です。辛口、やや辛口タイプから遅摘みや貴腐化したブドウで造られる甘口、極甘口タイプまで、幅広いスタイルに仕立てられてます。冷涼な地域の特徴である引き締まった酸があり、熟成とともにまろやかなハチミツの香りが現れてきます。単一で使用される場合、好条件下でよく熟したブドウは長期熟成可能な素晴らしいワインとなります。

■ 地域

南アフリカでは「スティーン」と呼ばれ17世紀にヨーロッパから持ち込まれて以来根付いた品種で近年盛んに栽培されています。ロワール地方より比較的穏やかな酸が特徴、そのほかカリフォルニアやニュージーランドでもシュナン・ブランから気軽な日常ワインを産出しています。

■ 豆知識

ロワール地方では「ピノー・ド・ラ・ロワール」と呼ばれるこの品種は、酸をたっぷりと含みます。しかし仕上がったワインは決して突起した酸ではなく、まるく包み込むような優しさを伴った酸となる場合が多い品種です。ゆったりとした味わいが楽しめます。

ブドウ品種図鑑

原産地：仏・ロワール地方
主な産地：仏・ロワール河中流域、南アフリカ、米・カリフォルニアのセントラル・ヴァレー、ニュージーランド
ワインの特徴：ハチミツ、酸味

Chenin Blanc

Touraine Azay-le-Rideau Blanc
トゥーレーヌ
アゼイ・ル・
リドー・ブラン

温度の上昇で
香りが花開く

Millton Te Arai VineyardChenin Blanc
ミルトン
テ・アライ・
ヴィンヤード
シュナン・ブラン

NZ産シュナン・ブラン
最高峰と謳われた1本

リンゴや柑橘系、ハーブなどのフレッシュな香りが温度の上昇とともに白い花やミツの香りに。やわらかな口当たりのピュアな1本。

ニュージーランドではじめて公的認定を受けたオーガニックワイン生産者。熟したリンゴやパイナップルの香りが官能的な逸品。

原産地	AOCトゥーレーヌ アゼイ・リドー／仏、ロワール地方
生産者	シャトー・ド・ラ・ロッシュ
ヴィンテージ	2016年
参考価格(税抜き)	4千円
輸入・販売	横浜君嶋屋
味わい	ミディアム・辛口
料理	白身魚の寿司

原産地	ニュージーランド、ギスボーン、北島
生産者	ミルトンヴィンヤーズ
ヴィンテージ	2016年
参考価格(税抜き)	3千円前半
輸入・販売	アブレヴ・トレーディング
味わい	ミディアム・辛口
料理	白身魚のグリル

シュナン・ブラン ワインカタログ

De Trafford
Chenin Blanc

**ド・トラフォード
シュナン・ブラン**

穏やかで優しい
酸と果実味

インパクトの強さや華やかさよりもやわらかな芳香や穏やかな酸、優しい果実味が印象的。ミネラル感もほど良く、淡白な和食に好相性。

原産地	WOステレンボッシュ／南アフリカ、コースタル地域
生産者	ド・トラフォード・ワインズ
ヴィンテージ	2015年
参考価格(税抜き)	3千円後半
輸入・販売	モトックス
味わい	ミディアム・辛口
料理	エビや白身魚の天ぷら

Montlouis Sur Loire
Les Bournais

**モンルイ・シュール・
ロワール
レ・ブールネ**

ロワーヌが誇る
ビオの名手の1本！

ピュアな果実香と優雅な味わい。ビオワインの名産地、ロワーヌ地方でも名手と呼ばれる造り手が届ける風格ある白ワイン。

原産地	AOCモンルイ・シュール・ロワール／仏、ロワール地方
生産者	ドメーヌ・フランソワ・シデーヌ
ヴィンテージ	2015年
参考価格(税抜き)	5千円後半
輸入・販売	ボニリジャパン
味わい	ミディアム・やや辛口
料理	焼き魚や和食全般

ヴィオニエ
Viognier

白ワイン

フランスでも最も古いブドウ品種の一つ

■特徴

フランスで最も古い品種の一つといわれ、シラー種とともにローヌ地方が原産地です。栽培が難しく収穫量も少なく、またブドウの酸が少ないため醸造が難しいとされていますが、多くのワイン生産国では非常に人気のある品種の一つです。華やかでエスニックな独特なアロマが人気ですが、このアロマを放つためには乾燥した温暖な気候と痩せた酸性の土壌が必要といわれています。

■地域

南仏では主要品種のヴィオニエは、かつて世界的にポピュラーなワインではありませんでしたが、カリフォルニアやイタリアなどの温暖な地域で栽培されるようになり、知名度が上がりました。北ローヌ地方では単一で白ワインとなり、南ローヌやそのほかの地域ではヴィオニエの豊かなアロマの香り付けが目的にブレンドされることが多いようです。

■豆知識

北ローヌ地方のコートロティではシラー種から素晴らしい赤ワインが造られますが、20％以下の割合でヴィオニエを少量ブレンドすることが許されています。

ブドウ品種図鑑

原産地：仏・ローヌ地方
主な産地：仏・ローヌ地方、米・カリフォルニア州、イタリア
ワインの特徴：強く華やかなアロマ、比較的穏やかな酸

Viognier

Viognier de Rosine
Vins de Pays Collines
Rhodaniennes

**ヴィオニエ・ド・ロジーヌ IGP
コリンヌ・ロダニエンヌ**

華やかでセクシーな女性のようなワイン

白桃やライチ、スパイスにユリの花の香りに、しっかりとした果実味と生き生きとした酸。さまざまな表情を持つ魅力的な白。

原産地	VDPコリンヌ　ロダニエンヌ／仏、コート・デュ・ローヌ地方、北部地区
生産者	ドメーヌ・ステファン・オジェ
ヴィンテージ	2015年
参考価格（税抜き）	4千円後半
輸入・販売	横浜君嶋屋
味わい	ミディアム・辛口
料理	中華・エスニック

Condrieu Chanson

**コンドリュー
シャンソン**

エレガントな香りと上品で豊かな味わい

洋梨や黄桃、黄色の花やミツの香りが時間とともにアプリコットやマロンの濃密な香りに。上品で滑らかな余韻が長く続く。

原産地	AOCコンドリュー／仏、コート・ド・ローヌ地方、北ローヌ地区
生産者	ドメーヌ・デュ・モンテイエ
ヴィンテージ	2015年
参考価格（税抜き）	9千円
輸入・販売	横浜君嶋屋
味わい	フル・辛口
料理	アワビのバター焼き

ヴィオニエ ワインカタログ

Riverpoint Vineyard Viognier
リヴァーポイント・ヴィンヤード ヴィオニエ

料理の「うま味」と相性抜群

豊かな果実味に熟した洋梨やスパイスのニュアンスがとけ込み、海からの塩気も。

原産地	ニュージーランド、ギズボーン
生産者	ミルトン・ヴィンヤーズ
ヴィンテージ	2016年
参考価格(税抜き)	3千円
輸入・販売	アプレヴトレーディング
味わい	ミディアム、辛口
料理	豚しゃぶの胡麻だれソース、よだれ鶏

Paul Jaboulet Aîne Viognier
ポール・ジャブレ・エネ ヴィオニエ

コスパ抜群の美味しいカジュアルワイン

フレッシュさの中に桃や杏の味わいがあり、エスニックなイメージを持ち合わせている。

原産地	VDF/仏(ヴァン・ド・フランス)
生産者	ポール・ジャブレ・エネ
ヴィンテージ	2017年
参考価格(税抜き)	1千円後半
輸入・販売	三国ワイン
味わい	ミディアム、辛口
料理	生春巻き、シーフードのゼリー寄せ

マルサンヌ
Marsanne

白ワイン

穏やかな酸を持ち和食に好相性

■ 特徴

フランス・ローヌ地方の主要品種の一つで、北ローヌでは単一かルーサンヌ種と、南ローヌではそのほかのローヌの品種とブレンドされることが多いローヌ河流域原産の品種です。穏やかな酸を持つマルサンヌは繊細でしなやかなワインになります。

■ 地域

フランス以外の地域ではあまり栽培されていない品種です。フランス国内では、プロヴァンス地方やラングドック地方など南仏地域で栽培されています。

■ 豆知識

日本では知名度が低くあまり見かけないワインですが、その穏やかな酸と繊細な味わいは和食との相性が大変良く、一度味わえばマルサンヌファンとなるでしょう。

原産地：
仏・ローヌ河流域
主な産地：
仏・ローヌ河流域（北部、南部）、ラングドック地方
ワインの特徴：
豊かなアロマ、穏やかな酸

マルサンヌ ワインカタログ

Saint-Péray Blanc
サン・ペレイ ブラン

こだわりの製法でやわらかい熟成香を実現

Crozes Hermitage Les Jalets Blanc
クローズ・エルミタージュ レ・ジャレ・ブラン

酸とミネラルの整ったバランス

古くから伝わる製法を再現する生産者による1本。やわらかな熟成香は時間とともにメープルシロップのような樹木の香りに変化する。

原産地	AOCサンペレイ／仏、コート・デュ・ローヌ地方、北ローヌ地区
生産者	オーギュスト・クラープ
ヴィンテージ	2015年
参考価格(税抜き)	6千円
輸入・販売	横浜君嶋屋
味わい	ミディアム・辛口
料理	アンコウの鍋や刺身

白い花や洋梨のアロマティックな香りがあり、フレッシュなイメージ。酸とミネラルの好バランスで料理と合わせやすい白ワイン。

原産地	AOCクローズエルミタージュ／仏、コート・デュ・ローヌ地方、北ローヌ地区
生産者	ポール・ジャブレ・エネ
ヴィンテージ	2017年
参考価格(税抜き)	3千円前半
輸入・販売	三国ワイン
味わい	ミディアム・辛口
料理	ブイヤベース

Semillon
セミヨン

白ワイン

三大貴腐ワインの一つを生む品種

■ 特徴

温暖で穏やかな気候、砂利混じりの粘土石灰質の土壌を好みます。三大貴腐ワインの一つ、ボルドー・ソーテルヌ地区の大変高貴な甘口ワインはこのセミヨン種主体で造られます。

■ 地域

原産地のボルドー地方では辛口、甘口の両タイプとも造られソーヴィニヨン・ブランやミュスカデルとブレンドされ、偉大なワインに仕上げる重要な担い手です。温暖な気候条件に合ったオーストラリアのハンターヴァレーでは主にセミヨン単体で造られ、なかには熟成すると複雑な味わいを増し素晴らしく豊満で香り豊かなワインが造られます。

■ 豆知識

ボルドー・ソーテルヌ地区の気候風土は貴腐ワインにとって最も大切なトリティス・シネレア菌が発生しやすく、そしてセミヨン種は果皮が薄くトリティス・シネレア菌の付着に向きます。菌が発生するまで待つためブドウは遅摘みされ、その後素晴らしい極甘口ワインとなります。

原産地：
仏・ボルドー地方
主な産地：
仏・ボルドー地方、豪・ハンターヴァレー
ワインの特徴：
やさしい口当たり

セミヨン ワインカタログ

Château Suduiraut
シャトー スドュイロー

濃縮した甘みと すっきりした後口

Domaine de Beaupré Blanc
ドメーヌ・デュ・ ボープレ・ブラン

冷蔵庫に常備したい 普段着の白ワイン

熟した黄桃やハチミツ、アプリコットジャムの濃縮した甘い香りと味わいが見事。すっきりとした後口と長い余韻の貴腐ワイン。

豊かな酸とフレッシュな果実味で飲みやすい1本。よく冷やして家飲みに、またはクーラーボックスに入れてピクニックにも。

原産地	AOCソーテルヌ／仏、ボルドー地方
生産者	シャトー スドュイロー
ヴィンテージ	1989年
参考価格（税抜き）	オープン（375mℓ）
輸入・販売	アルカン
味わい	フル・極甘口
料理	フォアグラ

原産地	IGPブーシュ・デュ・ローヌ／仏、コート・デュ・ローヌ地方
生産者	シャトー・ド・ボープレ
ヴィンテージ	2017年
参考価格（税抜き）	2千円
輸入・販売	横浜君嶋屋
味わい	ライト・辛口
料理	サンドイッチ

シルヴァネール

Sylvaner

白ワイン

ドイツ白ワインの三大品種の一つ

■特徴

一昔前はドイツの重要な白ワイン品種でしたが、現在ではミュラー・トラガウ、リースリングに次いでドイツで３番目の生産量となっています。砂質や小石まじりの土地などの軽い土壌を好み比較的早熟で収穫量が安定している品種です。穏やかな酸味と軽やかなミネラル感のすっきりした辛口からアイスワインのような極甘口まで造られています。

■地域

ドイツではフランケン、ラインヘッセン、ファルツ地方などでそれぞれのテロワールに合った上質なワインを産出、白アスパラと好相性のワインとして人気です。フランスのアルザス地方でも代表的な品種として知られ、そのほかイタリアのアルト・アディジェ州、オーストリアなどドイツ国境地帯の産地を中心に栽培されています。

■豆知識

シルヴァネールの原産地はその語源からルーマニアのトランシルヴァニア地方ともいわれていますが、正確なことはわかっていません。東ヨーロッパでも多く植えられていることから、東ヨーロッパからオーストリアを経由してドイツに伝わったという見方が有力です。

シルヴァネール ワインカタログ

原産地：
ルーマニア・トランシルバニア地方が有力説
主な産地：
独・フランケン地方とラインヘッセン地方、仏・アルザス地方
ワインの特徴
穏やかな酸、優しい果実味

Bosler Sylvaner
**ボクスレ
シルヴァネール**

ミネラル感と引き締まった酸のバランスが抜群

洋ナシや柑橘系の爽やかな香りを持ち、かっしりしたミネラル感と引き締まった酸のバランスが抜群。豊かな果実味と長い余韻が魅力的。

原産地	AOCアルザス／仏、アルザス地方
生産者	ドメーヌ・アルベール・ボクスレ
ヴィンテージ	2014年
参考価格（税抜き）	3千円後半
輸入・販売	横浜君嶋屋
味わい	ミディアム・辛口
料理	エビの天ぷら

白ワイン

Pinot Gris
ピノ・グリ

「グレー色のピノ」という名の品種

■特徴
ピノ・グリはピノ・ノワールの突然変異で生まれたフランス・ブルゴーニュ地方原産の品種です。白ワイン品種に分類されますが、実際の果粒の色はグレーがかった緑から赤茶色で、粘土石灰質土壌と冷涼な気候を好みます。フレッシュな酸とブドウ由来の甘い果実香を持つ辛口から甘口、遅摘みにより濃厚でハチミツのような味わいを持つ極甘口タイプに仕立てられます。

■地域
フランス・アルザス地方のほか、「ピノグリージョ」と呼ばれるイタリア北部ではより軽めのものが主流です。ドイツでは甘口仕立てを「ルーレンダー」、辛口仕立てを「グラウブルグンダー」と呼んでいます。ニュージーランドやアメリカのオレゴン州でも上質なものが造られます。

■豆知識
アルザス地方では、ある将校がハンガリーのトカイに植えられたピノ・グリを持ち帰ったことに由来され、「トケイ・ピノ・グリ」と呼ばれていました。「ヴァンダンジュ・タルティヴ」と呼ばれる遅摘みのブドウから造られる芳醇なワインなど、ピノ・グリはアルザスの看板品種の一つです。

原産地:
仏・ブルゴーニュ
主な産地:
仏・アルザス地方、北イタリア地方、米・オレゴン州、ニュージーランド
ワインの特徴:
ハチミツのようなアロマ

ピノ・グリ ワインカタログ

Pinot Grigio 'Gris'
ピノ・グリージョ 'グリス'

酸味となめらかさが心地良く調和

Boxler Pinot Gris Heimbourg Vendanges Tardives
ボクスレ ピノ・グリ ヘインブール ヴァンダンジュ・タルティヴ

上品に調和する甘さとスパイシーさ

白い花々を集めたような華やかな香りとフルーティな果実味が。ふくよかでコクのある飲み口、酸、滑らかさが好バランス！

原産地	DOCフリウリ・イゾンツォ／伊、フリウリ＝ヴェネツィア＝ジューリア州
生産者	リス・ネリス
ヴィンテージ	2015年
参考価格(税抜き)	5千円
輸入・販売	フードライナー
味わい	ミディアム・やや辛口
料理	甲殻類などのシーフード

桃やオレンジ、アプリコットなど熟した果実の華やかな香りがいっぱい。上質な酸とミツのような上品な甘み、スパイシーさにうっとり。

原産地	AOCアルザス・グランクリュ／仏、アルザス地方
生産者	ドメーヌ・アルベール・ボクスレ
ヴィンテージ	2015年
参考価格(税抜き)	6千円後半
輸入・販売	横浜君嶋屋
味わい	ミディアム・甘口
料理	マンステール(チーズ)

81

Pinot Blanc
ピノ・ブラン

ピノ・ノワールの突然変異種

■ 特徴

ピノ・ノワールの突然変異種で原産地はブルゴーニュといわれています。色彩は黄色がかった薄緑色で穏やかなハーブや柑橘系の香りを持ち、味わいは繊細で滑らかです。イタリアではスプマンテに好適品種で、アルザスでも単一品種で使われるほか、「クレマン・ダルザス」というスパークリングワインにも使用されます。

■ 地域

フランス・アルザス地方が有名ですがブルゴーニュ地方でも栽培され、白ワインのほかに赤ワインにブレンドされることもあります。ドイツでは「ヴァイサーブルグンダー」の名で南部で、イタリアでは「ピノ・ビアンコ」の名で北部で栽培されています。

■ 豆知識

フランス・ブルゴーニュ地方では圧倒的にシャルドネが栽培されていますが、ワイン法でピノ・ブランの使用も許可されているので、ピノ・ブランでACブルゴーニュ・ブランを造る生産者もいます。ブルゴーニュ地方のピノ・ブランは比較的シャープな味わいのワインとなります。

原産地：
仏・アルザス
主な産地：
仏・アルザス、ブルゴーニュ、伊・北部、独、東欧
ワインの特徴：
滑らかな口当たり

ピノ・ブラン ワインカタログ

Tamba Toriino Pino Blanc
丹波鳥居野 ピノ・ブラン

クリーンで優しいフルーツの香り

やわらかく、フレッシュでフルーティ。生き生きとした酸がワインにシャープな輪郭を与えている。クリーンなアロマが特徴的。

原産地	日・京都
生産者	丹波ワイン
ヴィンテージ	2016年
参考価格(税抜き)	3千円
輸入・販売	―
味わい	ミディアム・やや甘口
料理	きんぴらごぼう、木の芽田楽

Boxler Pinot Blanc
ボクスレ ピノ・ブラン

繊細な酸とミネラルが味わいに気品をプラス

青リンゴや洋梨、白い花、白桃など華やかな香りに穏やかなハーブの香りが。繊細ながら存在感のある酸とミネラル感が特徴的。

原産地	AOCアルザス／仏、アルザス地方
生産者	ドメーヌ・アルベール・ボクスレ
ヴィンテージ	2015年
参考価格(税抜き)	3千円前半
輸入・販売	横浜君嶋屋
味わい	ミディアム・辛口
料理	春野菜の天ぷら、寿司

甲州
Koshu

白ワイン

日本固有のブドウ品種

■ 特徴

山梨県を代表するブドウ品種「甲州」。食用とワイン用に栽培されてきましたが、現在では食用よりワインのブドウ品種として名を馳せ、人気の高いヨーロッパ品種と肩を並べ健闘しています。甲州の特徴は、あっさりとした甘みと香り、優しい酸味で、余韻に心地良いほろ苦さが残ります。最近の10年で醸造技術がみがかれ、品質が飛躍的に向上していると、各国のワイン評論家から賞賛されています。

■ 地域

近年のDNA鑑定により甲州ブドウの原産はヨーロッパとの判定が有力です。シルクロード経由で日本に伝わったという説がありますが、詳しい文献は残されていません。産地はその名の通り山梨県で、作付面積は全国第1位。ブドウが栽培される盆地の気候が、雨に弱い甲州ブドウの生育に大変適しています。

■ 豆知識

2010年にワインの国際的審査機関「OIV」に登録され、また国際ワインコンクールでは多くのタイトルを受賞し脚光を浴びています。やさしく控えめな味わいは最近の食事スタイルにもマッチし、国際的に評価されるレベルになりました。

原産地：
山梨県
主な産地：
山梨県
ワインの特徴：
甘み、癖がない

84　基本のブドウ品種

甲州 ワインカタログ

Rubaiyat Koshu Sur Lie

**ルバイヤート甲州
シュール・リー**

100年以上の歴史を持つ老舗の名ワイン

Cuvée Misawa Koshu Toriibira Vineyard Private Reserve

**キュヴェ三澤
甲州 鳥居平畑
プライベートリザーブ**

ふくよかな果実香と樽香が見事に調和

シュール・リーとはフランス語で「澱の上」。生き生きとしたフルーティな香味と厚みのある味わいはこの製法ならでは。

洋梨や黄桃のふくよかな果実香にハーブやスパイス、樽香が調和。しっかりとした酸がワインを引き締め、凛とした印象に。

原産地	日・山梨
生産者	丸藤ブドウ酒
ヴィンテージ	2016年
参考価格(税抜き)	1千円後半
輸入・販売	—
味わい	ライト・辛口
料理	あさりの酒蒸し

原産地	日・山梨
生産者	中央ブドウ酒
ヴィンテージ	2017年
参考価格(税抜き)	3千円後半
輸入・販売	—
味わい	ミディアム・辛口
料理	エビの天ぷら(塩)

ゲヴェルツトラミネール/ゲヴュルツトラミネール
Gewurztraminer

アルザス地方を代表するエキゾチックで個性的な品種

■ 特徴

非常にアロマティックで刺激的な芳香を持つ品種。バラの花びらやライチ、グレープフルーツのほか、ドイツ語で香辛料を表す「ゲヴェルツ」の名の通り、白胡椒の風味も併せ持つ個性豊かなワインです。また「トラミネール」は北イタリアのアルト・アディジェの地品種であることから、この地が原産地とされています。

■ 地域

現在はフランス・アルザス地方が有名。ご本家イタリアのトレンティーノ・アルトアディジェ州では主に辛口タイプを、ドイツ、オーストリアでは「トラミナー」と呼ばれアウスレーゼクラスの高級甘口ワインを、そのほかオーストラリア、南アフリカ、チリなどでも造られています。

■ 豆知識

アルザス地方では、辛口〜やや甘口、ヴァンダンジュ・タルティヴ（遅摘み）の甘口、そしてコレクション・ド・グランノーブル（良年のみ造られる最高級の貴腐ワイン）まで、申し分のないワインを産出しています。

原産地：
北イタリア
主な産地：
仏・アルザス地方、北イタリア、独
ワインの特徴：
バラの花びらの風味、エキゾチック、刺激的な芳香

ゲヴェルツトラミネール / ゲヴュルツトラミネール ワインカタログ

St. Maddalena Gewürztraminer Kleinstein
サンタ・マッダレーナ ゲヴュルツトラミネール クレインステイン

グラスに注いだ瞬間解き放たれる芳香

Leon Beyer Gewürztraminer
レオン・ベイエ ゲヴェルツトラミネール

力強く、魅惑的な豊かな香りの白

キンモクセイのような華やかで甘い香りと、アプリコット、ハチミツなどのアロマが魅惑的。きれいな酸が味わいをキリリと引き締める。

フルーツ、花、スパイスなど、この品種特有の豊かな香りが力強く、魅惑的。長期熟成することも可能な、骨格のしっかりした辛口。

原産地	DOCアルト・アディジェ／伊、トレンティーノ・アルト・アディジェ州
生産者	カンティーナ・ボルツァーノ
ヴィンテージ	2017年
参考価格（税抜き）	3千円後半
輸入・販売	モトックス
味わい	ミディアム・やや辛口
料理	タイ風生春巻き

原産地	AOCアルザス／仏、アルザス地方
生産者	レオン・ベイエ
ヴィンテージ	2015年
参考価格（税抜き）	3千円前半
輸入・販売	三国ワイン
味わい	ミディアム・やや辛口
料理	エスニック料理、ブルーチーズ

87

ヴェルメンティーノ
Vermentino

白ワイン

ティレニア海と地中海沿岸を代表する白

■ 特徴

ヴェルメンティーノは原産地といわれるスペインから地中海沿岸を経由してティレニア海沿岸に伝わったという説があります。主にティレニア海と地中海沿岸で栽培されている品種で、日照時間が長く雨の少ない乾いた土壌に適応力があります。この品種からできるワインは沿岸育ち特有の潮風のようなミネラル感にフローラルで爽やかな果実味があり、ボリューム感に富む白ワインです。

■ 地域

フランスではコルシカ島、プロヴァンス地方、ラングドック地方、イタリアではサルディニア島、リグーリア州、トスカーナ州で栽培されています。ヴェルメンティーノは、コルシカ島では「マルヴォワジ・ド・コルス」、プロヴァンスでは「ロール」と呼ばれています。

■ 豆知識

この品種はよくアロマティックと表現されますが、ほかの「アロマティック」と呼ばれる品種のような刺激的な香りではありません。料理を引き立て、またそっと料理に寄り添いながら主張する、そんなワインが多く、特に魚貝類との相性は抜群です。

原産地：
イタリア
主な産地：
伊・コルシカ島、仏・プロヴァンス地方
ワインの特徴：
アロマ

ヴェルメンティーノ ワインカタログ

Patrimonio Grotte di Sole Blanc
パトリモニオ カルコ・ブラン

"自然"にこだわるピュアなワイン

Vermentino di Gallra
ヴェルメンティーノ・ディ・ガッルーラ

豊かなミネラルと瑞々しい果実香

世界中のビオ生産者が"師"と仰ぐ造り手の果実味とボリュームを兼ね備えた白。料理に合わせやすく、コストパフォーマンスも優秀！

洋梨やライチなどのフルーツの香りと白い花の芳香にラムネのようなニュアンスがプラス。ほど良い厚みがあり、ミネラルも豊か。

原産地	AOCパトリモニオ／仏、コルシカ島
生産者	ドメーヌ・アントワーヌ・アレナ
ヴィンテージ	2016年
参考価格(税抜き)	5千円後半
輸入・販売	横浜君嶋屋
味わい	ミディアム・辛口
料理	豚肉のハーブ焼き

原産地	DOCヴェルメンティーノ・ディ・ガッルーラ／伊、サルディニア島
生産者	ピエロ・マンチーニ
ヴィンテージ	2017年
価格	2千円
輸入・販売	モトックス
味わい	ミディアム・辛口
料理	ベーコンオムレツ

89

Albarino
アルバリーリョ

[白ワイン]

スペイン・ポルトガルが独占する有力品種

■ 特徴

スペイン・ガルシア地方のリアス・バイシャス地域とそこから地続きのポルトガル・ミーニョ地方のヴィニョ・ヴェルテ地域で造られる評価の高い白の品種です。近年はリアス・バイシャスが特に有名で、この地域のブドウ畑の約96％にアルバリーリョが栽培されています。この2つの地域以外では殆ど栽培されていません。若飲みタイプと思われがちですが、造りの良いものは素晴らしい熟成をします。

原産地：
スペイン・ガルシア地方
主な産地：
スペイン・ガルシア地方、
ポルトガル・ミーニョ地方
ワインの特徴：
青リンゴ等の果実香、
生き生きした酸味

Gomariz X Albarino
ゴマリス X アルバリーリョ (エキス)

土壌を反映した豊かなミネラル感

白い花や黄色い花、洋梨の香りが豊か。シスト土壌の特別区画で造ったアロマティックでミネラル感たっぷりの上質な白ワイン。

原産地	DOリベイロ／スペイン、ガルシア地方
生産者	コト・デ・ゴマリス
ヴィンテージ	2017年
参考価格（税抜き）	オープン
輸入・販売	モトックス
味わい	ミディアム・辛口
料理	魚介のパエリア

90　基本のブドウ品種

Aligote
アリゴテ

白ワイン

古くからブルゴーニュで栽培されている品種

■ 特徴

ブルゴーニュの王道白ワイン品種シャルドネの存在の陰で細々と生き長らえてきた、ブルゴーニュで非常に古くから栽培されている品種です。ブルゴーニュの土壌にもよく適応し、生命力旺盛で早熟品種です。基本的に若飲みタイプのカジュアルなワインとして扱われていますが、優秀な造り手にかかると特有の酸味を上手く活かした、魅力的でコスパに優れたワインとなります。食前酒「キール」の原料としても使われています。

Bourgogne Aligote
ブルゴーニュ アリゴテ

花と果実、
そしてミツ
魅惑的な香りの白

白い花の透き通った香りに柑橘系果実の爽やかさ、花のミツの甘さと、複雑で魅惑的な香り。味わいの酸味、果実味のバランスも良い。

原産地:
仏・ブルゴーニュ地方
主な産地:
仏・ブルゴーニュ地方、東ヨーロッパ
ワインの特徴:
シャープな酸

原産地	AOCブルゴーニュ・アリゴテ／仏、ブルゴーニュ地方
生産者	ドメーヌ・ド・ラ・サラジニエール
ヴィンテージ	2017年
参考価格(税抜き)	3千円前半
輸入・販売	横浜君嶋屋
味わい	ミディアム・辛口
料理	ハムやポテトのマヨネーズソース合え

コルテーゼ
Cortese

 白ワイン

単一種の醸造に向く

■ 特徴

コルテーゼは主にイタリア・ピエモンテ州アレキサンドリア地域で栽培されています。そこで造られるワインは「ガヴィ」または「コルテーゼ・ディ・ガヴィ」と呼ばれ、ガヴィ地域で造られたワインは「ガヴィ・デ・ガヴィ」と呼ばれます。イタリアの限られた地域でしか栽培されていないコルテーゼですが、「ガヴィ」は魚介料理と共に楽しむワインとして世界中で名が通っています。元はすぐお隣リグーリア州の魚料理のレストランのために生まれたワインです。コルテーゼはイタリアのヴェネト州とロンバルディア州でも栽培されています。

原産地:
伊・ピエモンテ州
主な産地:
伊・ピエモンテ州、リグーリア州、ロンバルディア州、ヴェネト州
ワインの特徴:
軽やかで繊細、酸の調和

Gavi
ガヴィ

キリリとした酸が爽やかな飲み口

ほのかに淡い小麦色をした液。品種特有の香りと引き締まった酸が心地良い。冷やし過ぎず、少し低めの温度で料理と合わせて。

原産地	DOCGガーヴィ／伊、ピエモンテ州
生産者	フラテッリ・ジャコーザ
ヴィンテージ	2017年
参考価格(税抜き)	1千円後半
輸入・販売	フードライナー
味わい	ミディアム・辛口
料理	野菜や魚介類の前菜

ガルガーネガ
Garganega

白ワイン

イタリア全土で栽培される

■特徴

イタリア・ヴェネト州の「ソアヴェ・クラシコ」、「ソアヴェ・スペリオーレ」は、ガルガーネガ主体の調和のとれた辛口白ワインです。また陰干ししたブドウで造られる甘口ワイン「レチョート・ディ・ソアヴェ」もこの品種から造られています。ほぼイタリア全土で栽培されていますが、ヴェネト州のヴィチェンツァ、パドヴァ、ヴェローナなどのものが最良とされます。

原産地：
伊・ヴェネト州
主な産地：
伊・ヴェネト州
ワインの特徴：
優しい果実味

Soave Classico
ソアヴェ・クラシコ

**果実と花の香りが
エレガント！**

サクランボやブドウの花など、香りがフレッシュかつエレガント。酸味とのバランスも良く、料理に合わせやすく家飲みに最適。

原産地	DCOソアヴェ・クラシコ／伊、ベネト州
生産者	ピエロパン
ヴィンテージ	2017年
参考価格(税抜き)	2千円前半
輸入・販売	フードライナー
味わい	ミディアム・辛口
料理	エビ、カニのグリル

ミュスカ(マスカット)
Musca

白ワイン

地中海を代表する品種

■ 特徴

ミュスカとはいわゆるマスカットのことです。この品種は亜種が多く複雑ですが世界中で栽培されています。花やフルーツ、スパイスの芳香が特徴で、甘口ワインに造られるものが多いですが、フランスのアルザス地方のように辛口に仕立てられるワインもあります。

■ 地域

フランスでは地中海沿岸やアルザス地方、イタリアでは「モスカート・ビアンコ」と呼ばれピエモンテ州アスティの甘口発泡ワイン「アスティ・スプマンテ」や「モスカート・ダスティ」が造られ、スペインでは「モスカテル」と呼ばれ、やはり甘口タイプが有名です。

■ 豆知識

日本では「マスカット」と呼ばれ、食用としても人気のブドウ品種です。「マスカット　オブ　アレキサンドリア」という名のワインが造られていますが、日本ではマスカットを指します。日本産ワインで有名な「マスカット・ベリー・A」もマスカットの親戚です。

原産地：
ギリシャ
主な産地：
フランス、ギリシャ、イタリア
ワインの特徴：
果実、花

基本のブドウ品種

ミュスカ（マスカット）ワインカタログ

Muscat du Cap Corse
ムスカ・デ・カップ コルス

Boxler Muscat
ボクスレ・ミュスカ

クリーン＆マイルドな瑞々しい味わいの白

お花や果実の香り豊かな辛口ワイン

熟したマスカットの甘い香りが華やか。果実味とボリューム感がありながらマイルドな味わい。抜栓後も冷蔵庫で長持ちする。

マスカットや黄色を連想させる凝縮した果実の風味にアルザス特有のきれいな酸とミネラルが融合し、引き締まった味わいに仕上がっています。

原産地	AOCミュスカ・デュ・カップ コルス/仏、コルシカ島
生産者	ドメーヌ・アントワーヌ・アレナ
ヴィンテージ	2013年
参考価格（税抜き）	5千円後半
輸入・販売	横浜君嶋屋
味わい	ミディアム・甘口
料理	フルーツタルト

原産地	AOCアルザス
生産者	ドメーヌ・アルベール・ボクスレ
ヴィンテージ	2015年
参考価格（税抜き）	4千円後半
輸入・販売	横浜君嶋屋
味わい	ミディアム、やや辛口
料理	生ハムメロン、鶏と野菜のテリーヌ

スパークリングワイン

Sparkling wine

美しい泡に包まれたセレブリティなワイン

■特徴

スパークリングワインは世界各地で造られています。フランスでは知名度の高いシャンパーニュ地方のほか、各地で「クレマン」や「ヴァン・ムスー」と呼ばれるもの、イタリアではロンバルディア州の「フランチャコルタ」を筆頭に甘口で有名な「アスティ」、カジュアルな「プロセッコ」、瓶内気圧が低めの「ランブルスコ」など、そのほかスペインの「カヴァ」、ドイツの「ゼクト」などが有名です。また新世界のスパークリングワインも近年評価を高めています。オーストラリアでは、辛口では珍しい赤のスパークリングも造られます。

■豆知識

スパークリングワインのなかで最も有名な「シャンパン」は、フランスのシャンパーニュ地方のワイン。ワイン法で定められた厳しい条件をクリアしたものです。繊細で滑らかな泡が造られる瓶内二次発酵はシャンパーニュ地方でドン・ペリニヨンまたはドン・ルナールが考案したといわれていますが、南仏のリムーや、イギリスなどでも同じ時期、或いはそれ以前から瓶内二次発酵のワインが飲まれていたともいわれています。

Sparkling wine

Cava Brutissime
カヴァ ブリュッティシム

心地良い香りと
バランスの良い酸

Santa Digna Estelado Rose
サンタ・ディグナ エステラード ロゼ

輝きとツヤのある
可愛らしい桜色の泡

柑橘系やメロンなどの心地良い果実香と甘過ぎない花の香りが軽やか。フレッシュな酸ときれいな泡立ちがなんともエレガント。

原産地	D.O.CAVA／スペイン、カタルニア地方、ペネデス
生産者	ナヴェラン
ヴィンテージ	NV
参考価格(税抜き)	2千円前半
輸入・販売	横浜君嶋屋
味わい	ミディアム・辛口
料理	魚介のマリネ、オリーブと野菜のサラダ

きめ細かい泡立ちでラズベリーやピンクグレープフルーツの香りが。フレッシュで料理に合わせやすく、コストパフォーマンス抜群。

原産地	DOマウレヴァレー／チリ、セントラルヴァレー
生産者	ミゲル・トーレス
ヴィンテージ	NV
参考価格(税抜き)	1千円後半
輸入・販売	エノテカ
味わい	ミディアム・やや辛口
料理	生ハム、カナッペ

スパークリングワインカタログ

Murganheira Reserva Bruto
ムルガニェイラ レゼルヴァ ブリュット

瓶内二次発酵のクリーンな泡
ポルトガルを代表する
スパークリングワイン

Concerto Lambrusco Reggiano
コンチェルト ランブルスコ レッジアーノ

濃いルビー色が華やかな泡

ポルトガルを代表する一流スパークリングワインメーカー。酸と果実の絶妙なバランスや軽やかでフレッシュな味わいはここならでは。

新鮮なブルーベリーやカシスの香りとほど良いタンニンが両立。自然発酵による優しい泡立ちと華やかな赤はテーブルをランクアップ！

原産地	DOPタヴォーラ・ヴァローザ／ポルトガル
生産者	ムルガニェイラ
ヴィンテージ	NV
参考価格(税抜き)	3千円後半
輸入・販売	木下インターナショナル
味わい	ミディアム・辛口
料理	アペリティフ

原産地	DOCレッジアーノ／伊、エミリア・ロマーノ州
生産者	メディチ・エルメーテ
ヴィンテージ	2017年
参考価格(税抜き)	2千円
輸入・販売	モトックス
味わい	ミディアム・やや辛口
料理	アペリティフ

※NVは「ノン・ヴィンテージ」の意味。収穫年の異なるブドウを使用しているため、収穫年を記載しない。

Sparkling wine

Graham Beck
Cuvée Clive
**グラハム・ベック
キュヴェ・クライヴ**

円熟感のある瓶内二次発酵ワイン

南アフリカで最も有名な、そして世界的に高品質で高評価のスパークリングワイン。フレッシュな柑橘系アロマと熟成香が見事に調和。

原産地	WOウエスタン・ケープ／南アフリカ、ブレーダー・リヴァー・ヴァレー地方
生産者	グラハム・ベック ワインズ
ヴィンテージ	2012年
参考価格(税抜き)	5千円前半
輸入・販売	モトックス
味わい	ミディアム・辛口
料理	アペリティフ

Ayala Brut Nature
**アヤラ ブリュット・
ナチュール**

糖分ゼロのピュアでぜいたくな味わい

ゴールドパールのような輝く色、きめ細かな泡立ち、豊潤な芳香のリッチな気分になれるスパークリング。食後にシガーと楽しんでも。

原産地	AOCシャンパーニュ／仏、シャンパーニュ地方
生産者	アヤラ
ヴィンテージ	NV
参考価格(税抜き)	6千円後半
輸入・販売	アルカン
味わい	ミディアム・極辛口
料理	アペリティフ

スパークリングワインカタログ

Alfred Gratien
Brut Rose

アルフレッド
グラシアン
ブリュット　ロゼ

淡いオレンジ液が
美しいロゼの泡

Franciacorta Brut
Cuvée Prestige

フランチャコルタ
ブリュットキュヴェ・
プレステージ

高貴とさえ呼ばれた
最上級畑のスプマンテ

フランボワーズや野生のベリーの香りが可愛らしいイメージ。フレッシュでほど良いミネラルがきれいに溶け込み、後口が爽やか。

柑橘系果実とナッツの香りが複雑にからみ合い、華やかにして爽やか。カジュアルな席に華を添え、クラスアップさせてくれそう。

原産地	AOCシャンパーニュ／仏、シャンパーニュ地方
生産者	アルフレッド　グラシアン
ヴィンテージ	NV
参考価格(税抜き)	1万円
輸入・販売	nakato
味わい	ミディアム・辛口
料理	アペリティフ

原産地	DOCGフランチャコルタ／伊、ロンバルディア州
生産者	カデルボスコ
ヴィンテージ	NV
参考価格(税抜き)	5千円
輸入・販売	フードライナー
味わい	ミディアム・辛口
料理	アペリティフ、生ハム

※NVは「ノン・ヴィンテージ」の意味。収穫年の異なるブドウを使用しているため、収穫年を記載しない。

ロゼワイン

Rose wine

世界各地で人気が高まるロゼワイン

■特徴

ロゼワインの醸造方法は、主に直接圧搾法（ダイレクトプレス）か
セニエ法で、EUのワイン法はシャンパーニュ地方以外で白ワイン
と赤ワインをブレンドして造ることを禁じています。直接圧搾法は
黒ブドウをタンクに入れ圧搾し、果皮の色素で軽く色付いた果
汁を発酵する白ワインの造りと同じ方法。軽めのロゼに仕上がり
ます。セニエ法は赤ワインの造りと同様に除梗・破砕した黒ブド
ウの果皮と種子を一緒に漬け込み発酵させ、色付いた果汁を引
き抜き発酵させます。こちらは赤ワインに近い重めのロゼになり
ます。最近では直接圧搾法で造られる軽やかなロゼも人気です。

■豆知識

近年世界各地でロゼワインの人気が高まっているといわれ、実
際に消費量も伸びています。スローフードや和食には軽やかなロゼ、
ボリューム感のある食事には重めのロゼと、食事にもオールマイティ
に楽しめるところが人気の秘密のようです。

Rose wine

Rose Valle de Rengo
ロゼ ヴァレ・デ・レンゴ

瑞々しい味わいの
ローズピンクのワイン

La Croix du Prieur Cotes de Provence
ラ クロワ・デュ・プリエール コート・ド・プロヴァンス

フレッシュで爽やか!
気軽に楽しむロゼ

完熟イチゴやラズベリー、ジャムの香りが可愛らしい印象。コクがありほのかな甘みと酸味のバランスがとれた華やかな1本。

桃やラズベリーの香りがあり、口当たりはふくよか。フレッシュ感があり、飲み心地が爽やかでフィニッシュは豊かな後口。

原産地	DOカチャポアルヴァレー／チリ、セントラルヴァレー
生産者	トレオン・デ・パレデス
ヴィンテージ	2018年
参考価格(税抜き)	1千円後半
輸入・販売	日智トレーディング
味わい	ミディアムボディ・辛口
料理	エスニック料理

原産地	AOCコート・ド・プロヴァンス／仏、プロヴァンス地方
生産者	ファミーユ・スメール
ヴィンテージ	2017年
参考価格(税抜き)	3千円
輸入・販売	横浜君嶋屋
味わい	ライトボディ・辛口
料理	白身魚、アジア料理

ロゼワインカタログ

Corse Calvi
Cuvée Vignola Rosé
コルス・カルヴィ キュヴェ・ヴィニョラ ロゼ

Sancerre Rosé
Le Grand Fricambault
サンセール ロゼ ル・グラン・フリカンボー

優しげな色調と爽やかで辛口の飲み口が印象的

シレックス土壌のミネラル感が活きるロゼ

まるみがある豊かなフルーツの風味と鉱物的なミネラル感の絶妙なバランス。余韻も長く、後口がすっきりと爽やか。

フランボワーズやイチゴの風味がストレートに伝わり、心地よい酸味と新鮮味を感じる。

原産地	AOCコルス・フィガリ／仏、コルシカ島
生産者	ドメーヌ・ルヌッチ
ヴィンテージ	2017年
参考価格(税抜き)	3千円前半
輸入・販売	横浜君嶋屋
味わい	ミディアムボディ・辛口
料理	アカザエビのカルパッチョ

原産地	AOCサンセール／仏、ロワール地方
生産者	ドメーヌ・アンドレ・ヌヴー
ヴィンテージ	2016年
参考価格(税抜き)	3千円前半
輸入・販売	横浜君嶋屋
味わい	ミディアムボディ・辛口
料理	アカザエビのカルパッチョ

デザートワイン

Dessert wine

食後に楽しむ甘口のワイン

■特徴

デザートワインとは食後に提供されるワインのことで主に甘口を
合わせる場合が多いですが、特に決まった定義はありません。甘
口ワインは世界各地で造られていますが、各国のワイン法により
それぞれの醸造方法や呼び名が定められています。甘口に仕立
てる方法は、遅摘み、収穫後に陰干し、凍らせる、貴腐菌などで
糖度を上げてから仕込むなどがあります。このほかにワインの発
酵途中にスピリッツを添加(酒精強化)し、その後糖分を残した
まま発酵を止めて造られる方法もあります。

■地域

デザートワインとして誰でも憧れる存在に、世界三大貴腐ワイン
があります。フランスの「ソーテルヌ」、ハンガリーの「トカイ・エッ
センシア」、ドイツの「トロッケン・ベーレン・アウスレーゼ」です。
そのほかにイタリアの「パッシート」や「レチョート」と呼ばれる遅
摘み後に陰干しをして造るワインや、ブドウが凍って糖度が上が
るのを待って収穫するアイスワインなどがあり、こちらはドイツや
カナダのワインが有名です。また酒精強化の甘口ワインでは「ポー
ト」、「シェリー」、「マディラ」が世界三大酒精強化ワインといわれ、
そのほかの地域では「ヴァン・ド・ナチュレル」と呼ばれる南仏の「バ
ニュルス」や「ミュスカ・ド・ボーヌ・ド・ヴニーズ」が有名です。

106 　　基本のブドウ品種

■豆知識
食後のデザートとワインの相性を探るのもワイン好きにとっては楽しみの一つです。

Dessert wine

Banyuls Rancio
Al Tragou

バニュルス
ランシオ
アル・トラゴ

日本では珍しい酒精強化ワイン

Tokaji Aszu
6 Puttonyos
"KAPI"

トカイ・アスー
6 プットニョス
カピ

輝かしい畑から生まれた高貴で豊潤な甘み

発酵中のワインにブランデーを加えて発酵を止め、ブドウ天然の甘みを残した酒精強化ワイン。20年以上樽熟させた通好みのワイン。

原産地	AOCバニュルス／仏、南西地方
生産者	ドメーヌ・ヴィアル・マニェレス
ヴィンテージ	1988年
参考価格（税抜き）	1万円
輸入・販売	横浜君嶋屋
味わい	フル・甘口
料理	チョコレート、ロックフォールチーズ

三大貴腐ワインのなかで最も長い歴史を誇るトカイのワイン。貴腐ブドウを1粒ずつ収穫した濃厚な果汁が高貴な甘みを生み出す。

原産地	ハンガリー、トカイ・ヘジャリア地方、トカイ
生産者	ドメーヌ ディズノク
ヴィンテージ	2005年
参考価格（税抜き）	1万2千円後半（500ml）
輸入・販売	アルカン
味わい	フル・極甘口
料理	フォアグラ

108　基本のブドウ品種

デザートワインカタログ

Brauneberger
Juffer Riesling
Beerenauslese

ブラウネベルガー・
ユッファー・
リースリング・
ベーレンアウスレーゼ

Noblesse du Temps
Jurancon Moelleux half

ノブレス・デュ・タン
ジュランソン・
モワルー ハーフ

日本では入手困難！
ドイツ最高峰の甘口

霜の季節に
生まれる甘口

モーゼルの銘醸地ユッファー・ゾンネンヌーア（日時計）で造られる、大変貴重な貴腐ワイン。とても上品な甘さとしっかりした酸とのバランスが最高。食後の至福の一時に。

ブドウの収穫を霜が降りる12月はじめまで遅らせて造る甘口の逸品。ワイン名の「貴族の時間」の通り上品で豊潤な甘さと香りが特徴。

原産地	独、モーゼル地域
生産者	フリッツ・ハーク
ヴィンテージ	2006年
参考価格（税抜き）	オープン
輸入・販売	稲葉
味わい	フル・極甘口
料理	食後のワインとして単独で

原産地	AOCジュランソン／仏、南西地方
生産者	ドメーヌ・コアペ
ヴィンテージ	2015年
参考価格（税抜き）	3千円後半（375ml）
輸入・販売	モトックス
味わい	フル・甘口
料理	フルーツタルト

ワインの分類とワイン法

100万円以上する高級ワインがある一方で、
水より安いものがあるなど、価値が大きく異なるワイン
それを一目瞭然に示したのがワイン法です。
このコラムではワイン法による
ワインの分類を学びましょう。

　ワインの特徴を決める最大の要素は土壌や気候、風土などの"テロワール"にあり、その特徴はワイン法で定められたラベル表記を読み取ることである程度イメージすることができます。しかし、まだワイン法がない昔、中身を偽る悪質な生産者が横行した時代がありました。この事態を打開するため、産地ごとに適した品種や栽培法についての厳しい基準を定めたワイン法が誕生しました。それがヨーロッパのワイン主要産地で始まった原産地統制呼称制度（フランスのAOC、イタリアのDOC、スペインのDOなど）です。また近年ではEU加盟国において共通規則に基づいたワイン法も制定され、EU表記（AOP、DOPなど）のワインも増えてきています。このように、ワインの品質はワイン法による分類表記でも明らかに読み取ることができます。

　これに対し、アメリカなどの新世界では、ワイン法において産地ごとに適した品種や栽培法についての厳しい規定はありません。

AOC
VdP
etc.

DOC
IGT
etc.

DO
Vino de la Tierra
etc.

　そのため、ワインの味わいや品質を知るには、産地よりブドウ品種のほうがイメージしやすい場合が多いのです。こうして生まれたのが「品種名表示ワイン」で、大量生産型のテーブルワインと区別をしています。

　ワイン法による表記はワインの味わいや品質を知る手がかり。美味しいワインを見つけるヒントです。

America

EU と主な EU 加盟国のワイン品質分類表記

フランス

1	AOC (Appellation d'Origine Controlee)	原産地統制呼称ワイン
2	VdP (Vin de Pays)	地ワイン
3	VdT (Vin de Table)	テーブルワイン

イタリア

1	DOCG (Denominazione di Origine Controllata e Garantita)	保証付き原産地統制呼称ワイン
2	DOC (Denominazione di Origine Controllata)	原産地統制呼称ワイン
3	IGT (Indicazione Geografica Tipica)	地域特性表示ワイン
4	VdT (Vino da Tavola)	テーブルワイン

スペイン

1	VP (Vinos de Pago)	単一ブドウ畑限定ワイン
2	COCa (Denominacion de Origen Calificada)	特撰原産地呼称ワイン
3	DO (Denominacion de Origen)	原産地呼称ワイン
4	Vino de Calidad con Indicación Geográfica	地域名称付き高級ワイン
5	Vino de la Tierra	地ワイン
6	Viñedos de España	スペインの畑で造られたワイン
7	Vino de Mesa	テーブルワイン

アメリカ＜ワインのタイプ＞

1	Varietal Wine ヴァリエタルワイン	ブドウの品名をラベルに表記
2	Meritage Wine メリテージワイン	ボルドー原産の品種をブレンドしたボルドータイプの高品質ワイン。表記は生産者の任意使用
3	Semi-Generic Wine	ヨーロッパの銘醸産地名をワイン名に使用する大量生産型ワイン。2006 年以降生産されたワインには禁止された。(オレゴン州では全て禁止)

■地理的表示付きワイン　　■地理的表示のないワイン（テーブルワイン）

EU	
AOP（Appellation d'Origine Protégée）	原産地呼称保護ワイン
IGP（Indication Géographique Protégée）	地理的表示保護ワイン
VdF（Vin de France）	上記以外のワイン

EU	
DOP（Denominazione di Origine Protetta）	原産地呼称保護ワイン
IGP（Indicazione Geografica Protetta）	地理的表示保護ワイン
Vino	上記以外のワイン

EU	
DOP（Denominación de Origen Protegida）	原産地呼称保護ワイン
IGP（Indicación Geográfica Protegida）	地理的表示保護ワイン
Vino	上記以外のワイン

アメリカ＜ワイン原産地の保護・保証＞
AVA（American Viticultural Areas） 米国政府認定ブドウ栽培地域 産地のみを保証するもので、ブドウ品種や栽培・醸造法などを規制するものではない。同一 AVA が複数の州にまたがっている場合もある。

113

PART 2

Wine Regions
ワインの産地

ワインの味わいを個性付ける気候や風土は、
ワイン選びの手掛かりにもなります。
世界中に広がるワインの産地がわかれば、
ワイン選びがもっと楽しくなります。

世界ワインマップ

England P221
地球温暖化の影響で、イギリスでワインが造られるようになった
温暖化によってワインの北限が移動し、イギリス南部でスパークリングワインが造られています。

フランス
France P118
世界一のワイン王国は、質も量も、名に恥じぬ充実ぶり
ワイン文化で世界をリードする"ワイン王国"。まさに、フランス自体がワインのプロフェッショナル。

ドイツ
Germany P188
甘いだけのワインから、辛口も造られるようになった
品質の高さと個性で世界中から愛されているドイツワイン。厳格で細かい格付けが高品質を裏付けています。

オーストリア
Austria P218
ワインスキャンダルにもめげず、目覚ましい発展をしている
ヨーロッパの小国オーストリアが、全世界のワイン生産量の1%を産出しています。

イタリア
Italy P164
「地産地消」を地で行くイタリアは、大量に飲んでいる
生産量世界一をフランスと競う、もう一つの"ワインの王国"。ワインの個性も、北部・中部・南部で異なります。

ポルトガル
Portugal P214
世界初の「原産地呼称管理法」を制定した伝統ある国
ポートワインに代表される、ヨーロッパでも屈指の歴史を誇るワイン伝統国です。

スペイン
Spain P172
なんと世界一のブドウ栽培面積を誇る「情熱の国」
世界最大のブドウ栽培面積を誇るスペイン。生産量でも世界第3位で、個性的なワインを造り出しています。

南アフリカ
South Africa P206
アパルトヘイトも今は昔、注目の新興国の一つ
南アフリカは、テーブルワインから高級ワインまでバラエティも豊かです。南仏に似た海洋性の気候がブドウ栽培に適しています。

オーストラリア
Australia P200
世界一大きな島で、個性的なワインが造られている
オーストラリアの生産量は年々増え続けています。その気候の良さから毎年安定して良質なブドウが収穫できるからです。

116　PART 2　ワインの産地

Canada _{カナダ} P220

地球温暖化でさらに期待されるオンタリオ州のアイスワイン

アイスワイン発祥の地はドイツですが、近年の温暖化で寒さが安定しているカナダへの注目度が高まってきています。

America _{アメリカ} P180

脈々と流れる開拓精神はワイナリーの発展にも受け継がれている

アメリカのワイナリーの発展は止まる所を知りません。醸造家たちには、素晴らしい土壌を見つければどんなに困難な場所であっても可能にしてしまう開拓精神が備わっています。

Japan _{日本} P222

今では世界に羽ばたく、日本産のワインも造られている

造り手の努力が実り、日本では栽培が難しいとされてきたヨーロッパ品種も造られるようになってきています。

Chile _{チリ} P210

品質向上が高評価、南米を代表するワイン新興国

南北に長く広がるブドウ栽培に適した気候・風土を持つチリは、高品質と低価格で高い評価を得ています。

New Zealand _{ニュージーランド} P196

『ロード・オブ・ザ・リング』のロケ地は、ブドウ栽培に適していた

空気がきれいなニュージーランド。高級ワインを数多く産出しています。

フランスをはじめとした、ヨーロッパのイメージの強かったワイン。今では、世界各国で、生産、輸出されています。ワインのイメージのなさそうな国にも注目してみましょう。いわゆる「新世界＝ニューワールド」と呼ばれる国々で、高品質なワインが造られています。

117

France フランス

ワイン文化で世界をリードする"ワイン王国"。
まさに、フランス自体がワインのプロフェッショナル。

[産地の特徴]

　ワインといえばフランスといわれるほど、毎年世界で1位、2位の生産量を誇る"ワイン王国"です。南北900キロに渡る気候変化に富んだ国土自体が、「神に愛された」と思えるほど、ブドウ栽培に適したテロワール（地形、土壌）に恵まれています。

　有名な主な産地は、ボルドー、ブルゴーニュ、コート・デュ・ローヌ、シャンパーニュなど。このほかにも枚挙にいとまがないほどたくさんの名産地があり、多種多様で個性豊かなワインが造られています。

　フランスが"ワイン王国"といわれる所以は、企業や個人レベルではなく、まさしくフランス自体が、ワイン造りの環境や品質維持に取り組んでいるという点です。その大きな成功例が、1935年に国内で制定されたAOC法（原産地統制呼称法）です。

　このAOC法には、生産地域、その地域で使用できる品種、最低アルコール度数、醸造法、熟成条件、栽培法、剪定法、最大収穫量、そして試飲検査と、非常に厳しい規制があり、この高いハードルをクリアすると晴れてAOCワインとして原産地を名乗ることができるのです。AOCの「O」の部分に、地方、地区、村、畑などの地名が当てられます。区画は狭く限定されるほど規定も厳しくなり、高品質な高級ワインとなります。例えば、地方名のAOCボルドー（地域名）よりAOCマルゴー（村名）の方が格上、AOCブル

118　　PART 2　ワインの産地

ゴーニュより村名のAOCボーヌ・ロマネの方が格上、さらに格上の特級畑のロマネ・コンティはAOCロマネ・コンティと表記され、最高の格付けとなります。

　AOCワイン以外に、ヴァン・ド・ペイ（地酒）、ヴァン・ド・ターブル（テーブルワイン）と、全部で3品質に分類され、それぞれのランクにも規制事項があります。

　このように、国を挙げてワインの品質維持に取り組んだことによって、"ワイン王国"としての地位と名声をより一層高めることに成功したといえます。

主要生産地区

Bourgogne
ブルゴーニュ地方

ボルドーと並び偉大なワインを産出する銘醸産地。辛口白ワインで知られる北部のシャブリ地区から、ヌーボーでお馴染み南部のボジョレー地区まで、主に3つの産地に分類されます。

Champagne
シャンパーニュ地方

「シャンパーニュ」は名実ともに世界最高水準の発泡ワインの産地です。繊細で力強い泡と上品な味わいは他国のお手本となってきました。スティルワインも僅かに生産されています。

Bordeaux
ボルドー地方

フランスAOCワインの約1/4の生産量を誇る名産地。19世紀にメドック地区で世界初のシャ〜ーの格付けが制定されました。ワインは認定されている数種類のブドウをブレンドしたスタイル。

Val de Loire
ロワール地方

フランスワインの産地のなかでは広大な地域。栽培されるブドウも多種多様で白ワインを中心に赤、ロゼ、スパークリングなどさまざまなワインが造られています。

Languedoc et Roussillon
ラングドック・ルーション地方

フランスNO.1のワイン産出量を誇っています。温暖で乾燥したブドウ栽培に最適の気候に恵まれ、近年ではAOCワインの生産量も増えています。

フランス　France

Cotes du Rhone
コート・デュ・ローヌ地方

南北に200キロと細長い地域。地理的にも地質的にも北部と南部に分けられ、個性豊かで力強く、コクのあるワインが多く造られています。

Provence et Corsica
プロヴァンス地方・コルシカ島

マルセイユからニースにかけての海岸線一帯とエクサン・プロヴァンスの内陸部、そして地中海に浮かぶコルシカ島。しっかりした赤、軽快な白やロゼ、そして甘口と、様々なワインが造られています。

Alsace
アルザス地方

ドイツ国境に近い地域で、生産量の約95％が辛口の白ワイン。ドイツ系民族も多い歴史背景を持つ土地柄で、ブドウの品種やボトルの形はドイツワインとよく似ています。

Jura et Savoie
ジュラ・サヴォワ地方

ジュラはスイスの国境近くで「ヴァンジョーヌ」や「ヴァン・ド・パイユ」などの特殊なワインが有名です。サヴォワはジュラ地方南東の冷涼な生産地です。

Sud-Ouest
フランス南西地方

ボルドー地方の東からピレネー山脈までに点在する産地の総称です。ベルジュラック地区、カオール地区など12地区からなり、個性的なブドウ「タナ」や「コー」はこの地方の地品種です。

FRANCE
Bourgogne　ブルゴーニュ

**「神に祝福された地」と呼ばれるほどのワインの名産地。
ボルドーと並ぶ、おさえておきたい産地の一つ。**

ブルゴーニュ /産地の特徴・格付

　ワイン王国のフランスで「偉大なブドウ畑」と評されるブルゴー
ニュ地方。パリとリヨンの間にある4つの県にまたがって、細長い
ブドウ畑が広がっています。

　そのなかでも「黄金の丘」と呼ばれるコート・ドールは、コート・ド・
ニュイとコート・ド・ボーヌの2つを合わせた地域の総称で、数多
くの銘醸ワインを産出しています。そのほか、有名な主な産地は、
シャブリ、シャロネーズ、ボジョレー、マコネーなど。まさに名産地
が並び、AOCワインが、ブルゴーニュだけで150以上も揃います。

　またブルゴーニュ地方には村名からさらにプルミエクリュ（1級）
とグランクリュ（特級）に格付けされた畑があり、グランクリュが
表記されたワインが最上級となります。この格付けの厳格さは群
を抜いていて、その品質の高さから世界中で信頼されています。

　ブルゴーニュは、ボルドーとともに、フランスの誇る名産地の一
つですが、ワイン造りの歴史は古く、ローマ時代にまで遡ります。

　単一品種からワインが造られるのもブルゴーニュ地方の特徴で、
赤はピノ・ノワールとガメイ、白はシャルドネ、アリゴテ、ピノ・ブラ
ンなどのブドウが栽培されています。

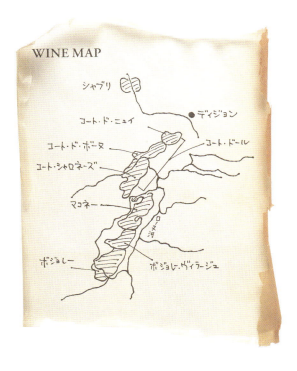

主要生産地区

Chablis
シャブリ地区

シャンパーニュとロワール地方にほど近く、ブルゴーニュからは車で1時間半ほどの場所に位置します。冷涼な気候とキンメリジャンと呼ばれる石灰質土壌から、酸とミネラル豊富な引き締まった味わいのワインが生まれます。

Cote de Beaune
コート・ド・ボーヌ地区

ワインの町ボーヌを中心に古くからワイン産業が栄えていた地区で、ブルゴーニュの心臓部ともいえます。造られる2/3は赤ワイン、1/3は白ワインで、赤・白ともに「グランクリュ」を産出、白ワイン最高峰の「モンラッシェ」もこの地区で造られます。

Cote de Nuits
コート・ド・ニュイ地区

有名な「ロマネ・コンティ」はこの地区のワインです。北から南へ細長く続いた地区で狭いところではブドウ畑は数百メートルの幅しかありません。造られるワインの約90％が赤で、誰もが憧れる「グランクリュ」もこの地区に集中しています。

FRANCE
ブルゴーニュ　Bourgogne

Côte chalonnaise
コート・シャロネーズ地区

ここはコート・ドールの続きでもあり、土壌もよく似ています。南部なのでブドウがよく育ち、潜在能力のある良質のワインを産出。アリゴテ種の産地ブーズロンの他、モンタニィ、メルキュレー、ジヴリーの4つの村からAOCワインが造られます。

Beaujolais
ボジョレー地区

ボジョレー村では、主にガメイ種からフルーティでライトな赤ワインが造られています。また北部のクリュ・ボジョレー（フルーリー、モルゴン、ムーランナヴァンなど）10ヶ所の村では、花崗岩質の土壌からコクのあるしっかりした味わいのワインが造られています。

Mâconnais
マコネー地区

穏やかな気候に恵まれ、シャルドネから豊かな果実実とやわらかなコクを持つ日常白ワインを多く産出しています。また気品溢れる熟成タイプのワインAOCピュイィ・フュッセも造られています。赤ワインには主にガメイが栽培されています。

Bourgogne FRANCE

ブルゴーニュのこだわりが感じられる上質なワインたち

Brouilly Vieilles Vignes

ブルイィ ヴィエイユ ヴィーニュ

ガメイの力強さ上品さが際立つ

フランボワーズなど赤い果実の香りが官能的。ガメイ特有の力強さと優美さで味わいにまるみと上品さが。クセのある肉料理に最適。

原産地	AOCブルイィ／仏、ブルゴーニュ地方、ボジョレー地区
生産者	ドメーヌ・ド・ラ・グラン・クール
ヴィンテージ	2016年
ブドウ品種	ガメイ100%
参考価格（税抜き）	5千円
輸入・販売	横浜君嶋屋
味わい	ミディアム
料理	鴨のコンフィ

Givry 1er Cru La Grande Berge

ジヴリ 1erクリュ ラ・グラン・ベルジュ

1級畑の品格と優雅さが凝縮

際立つフルーティな香りと味わいに金属的なシャープさがプラス。ボリューム感があり、飲み終わりに残る香りがエレガント。

原産地	AOCジヴリ・プルミエクリュ／仏、ブルゴーニュ地方、コート・シャロネーズ地区
生産者	ドメーヌ・ラゴ
ヴィンテージ	2014年
ブドウ品種	ピノ・ノワール
参考価格（税抜き）	4千円後半
輸入・販売	横浜君嶋屋
味わい	ミディアム
料理	牛肉のたたき

ブルゴーニュワインセレクション

Meursault 1er Cru Charmes
ムルソー 1erクリュ シャルム

絶対的な造り手による一級品

Puligny-Montrachet 1er Cru Champs Canet
ピュリニー・モンラッシェ 1erクリュ シャン・カネ

最上級畑の白ワイン

世界中から賞賛を集めるマダム・ルロワによる珠玉の1本。ナッツやフルーツ、焦がしバターの香りと豊潤にして美しい酸が調和。

原産地	AOCムルソー・プルミエクリュ／仏、ブルゴーニュ地方、コート・ド・ボーヌ地区、ムルソー村
生産者	メゾン・ルロワ
ヴィンテージ	2006年
ブドウ品種	シャルドネ
参考価格(税抜き)	オープン
輸入・販売	グッドリブ
味わい	フル・辛口
料理	鶏の赤ワイン煮込み

ブルゴーニュで5本の指に入る造り手による、トップクラスのワイン。フルーティでミネラル感も強く、長い余韻が高貴な飲み心地。

原産地	AOCピュリニーモンラッシェ・プリュミエクリュ／仏、ブルゴーニュ地方、コート・ド・ボーヌ地区、ピュリニーモンラッシェ村
生産者	ドメーヌ・ラモネ
ヴィンテージ	2005年
ブドウ品種	シャルドネ
参考価格(税抜き)	オープン
輸入・販売	ジェロボーム
味わい	フル・辛口
料理	白身魚のバターソース

FRANCE
Bordeaux ボルドー

地区や村ごとに違うワインの個性が魅力。
「5大シャトー」に代表される最上級ワインを生み出す産地。

ボルドー /産地の特徴・格付

　ボルドーは、ブルゴーニュとともに、フランスの誇る名産地の一つです。土壌の性質、地域、気候によってさまざまなワインが造られているのがボルドーの特徴で、赤から白まで上質なワインが幅広くそろっています。

　いくつかの細かい地区に分けられますが、有名な主な産地は、メドック、サンテミリオン、ポムロールなど、20ほどに分かれています。

　ボルドーでは、AOC法の原産地統制呼称法による分類（P112フランス参照）の他にシャトーの格付けが有名です。これは1855年パリ万国博覧会でワイン品評会を出展する準備として、ボルドー商工会議所が当時既に高品質で注目を浴びていたメドック地区の赤ワインとソーテルヌ地区の白ワインの格付けを行いました。その結果赤ワインに第1級から5級まで5段階に分類された60近くのグランクリュ（クリュ・クラッセ）シャトーが誕生。その中で名誉ある1級に格付けされたのは、CHラフィット・ロートシルト、CHマルゴー、CHラトゥール、グラーヴ地区のCHオーブリオンの4シャトーでした。そして1973年にCHムートン・ロートシルトが昇格して仲間入り、ボルドーの「5大シャトー」と呼ばれるようになり現在でも世界中で高額取引される高嶺の花的な存在です。

　また、ソーテルヌ・バルザック地区で3段階に格付けされた26シャトーは甘口貴腐ワインです。唯一トップに君臨するCHデュケムは、

ワイン愛好家なら誰もが一度味わいたい高級デザートワイン。

現在に至るまでクリュ・クラッセの見直しは数回のみ。それについては様々な意見がありますが、何千年もの年月で培われた偉大な土壌とそこに根を下ろすブドウの不変的な関係を物語っているのかも知れません。グラーヴ、サンテミリオン地区でも独自の格付けが行われています。

尚、ボルドーの「シャトー」とは、ブルゴーニュその他の地域で栽培から瓶詰めまで行うドメーヌ（蔵元）を意味します。昔荘園に屋敷を持つ領主が、広い敷地内の畑で競い合ってワインを造っていたことが「シャトー」の由来とも言われています。現在約8000のシャトーが存在しているといわれています。

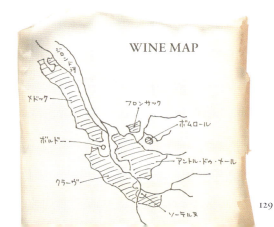

主要生産地区

Medoc
メドック地区

ジロンド河河口からロンドの森までの左岸一帯に優良シャトーが点在するボルドーの心臓部。暖かい気候に適した主要品種カベルネソーヴィニヨンと数種類の多品種をブレンドして、長期熟成型の上級ワインが生み出されます。

Entre-Deux-Mers
アントル・ドゥ・メール地区

2つの河にはさまれ「2つの海の間」という地名をもちます。熱心な技術改革により軽快な白ワインの大産地となっています。僅かですが甘口ワインも造られています。

Fronsac
フロンサック地区

あまり知られていませんが、高品質なワインが造られており、品質も急成長のエリアです。良質のものは、サンテミリオンより評価されるものもあります。

Pomerol
ポムロール地区

頭にドルドーニュ河の右岸地区。酸化鉄の混じった砂利と粘土質土壌から、メルロ主体の芳醇なワインが造られています。偉大なワイン「ペトリュス」もこの地区から生み出されます。

FRANCE

ボルドー　Bordeaux

Graves
グラーヴ地区

小石、砂利という意味のグラーヴは、その名の通り砂利を含んだ水はけの良い畑が多い地区です。メドックの特級に格付けされる5大シャトーのなかで、CHオーブリオンはこのグラーヴ地区から生まれます。高級白ワインの産地でもあります。

Premieres Cotes de Blaye
プルミエール・コート・ド・ブライ地区

2009年10月29日付けの政令により、プルミエール・コート・ド・ブライはほかの地区とともにAOCコート・ド・ボルドーとして統合されました。

Sauternes
ソーテルヌ・バルザック地区

世界3大貴腐ワインの産地の一つで極甘口の高級白ワインを産出します。AOCワインとしては甘口のみで、バルザックはソーテルヌも名乗れます。また僅かに造られる辛口タイプはAOCボルドーとなります。

Saint-Emillion
サンテミリオン地区

石灰質と砂、粘土と、変化に富んだ土壌を持つ地区で、カベルネ・フランとメルロを主体に赤ワインが造られています。口当たりがやわらかく渋みの少ない味わいが特徴です。この地区独自の格付けがあり、メドックやポムロール同様長熟型のワインを産出します。

Bordeaux FRANCE

ボルドーのこだわりが感じられる上質なワインたち

Château la Peyre
CHラ・ペイル

長期熟成にも耐える高品質のボルドー

Château Léoville Poyferré
CHレオヴィル ポワフェレ

複雑な香りと味わいの最上級のワイン

チェリーのような果実味や下草のニュアンスもあり、香り豊か。しっかりとしたタンニンやスパイシーさもあり、洗練された1本。

原産地	AOCサンテステフ／仏、ボルドー地方
生産者	シャトー・ラ・ペイル
ヴィンテージ	2013年
ブドウ品種	カベルネ・ソーヴィニヨン メルロ 他
参考価格(税抜き)	4千円後半
輸入・販売	横浜君嶋屋
味わい	ミディアム
料理	鶏のトマト煮込み

開きはじめたカシスや樽などいくつもの香りの要素がからみ合う。強さと上品さが共存する。大きめのグラスでじっくり味わいたい。

原産地	AOCサンジュリアン／仏、ボルドー地方
生産者	シャトー・レオヴィル・ポワフェレ
ヴィンテージ	2007年
ブドウ品種	カベルネ・ソーヴィニヨン メルロ 他
参考価格(税抜き)	オープン
輸入・販売	アルカン
味わい	フル
料理	鉄板焼き

ボルドーワインセレクション

Château Beauregard Pomerol
CHボールガール ポムロール

品種の特性が活きた
エレガントな味わい

Château Sociando Mallet
CHソシアンド・マレ

昔ながらの製法を守る
骨太のワイン

生まれは12世紀までさかのぼれる歴史あるシャトー。メルロのまろやかさとカベルネの瑞々しさが調和した逸品。 | 多くの評論家から格付けの昇格を求められているシャトーの赤。香り、味わいともに1級品と遜色がない。コストパフォーマンス抜群。

原産地	AOCポムロール／仏、ボルドー地方
生産者	シャトー・ボールガール
ヴィンテージ	1997年
ブドウ品種	メルロ カベルネ・フラン 他
参考価格(税抜き)	オープン
輸入・販売	ボニリジャパン
味わい	ミディアム
料理	牛肉、ジビエのグリル

原産地	AOCオーメドック／仏、ボルドー地方
生産者	シャトー・ソシアンド・マレ
ヴィンテージ	2008年
ブドウ品種	カベルネ・ソーヴィニヨン メルロ 他
参考価格(税抜き)	オープン
輸入・販売	ボニリジャパン
味わい	フル・辛口
料理	白身魚のバターソース

FRANCE

Champagne シャンパーニュ

「シャンパン」を名乗れるのは、ここで造られたもののみ。
特別な意味を持つ、選ばれし名産地です。

シャンパーニュ/産地の特徴

シャンパーニュ地方はフランスの北東部、パリの東部に位置し、フランスのワイン産地としては北限のエリアになり、この地方独特の石灰質土壌の丘陵地にブドウが植えられています。

主要産地は、モンターニュ・ド・ランス、ヴァレ・ド・ラ・マルヌ、コート・デ・ブランの3地区で、優良な村や畑が集中しています。また、近年ではコート・ド・セザンヌや南部のコート・デ・バール地区にも高い関心が寄せられています。

「シャンパーニュ」とは、フランスAOC法で認定されたシャンパーニュ地方の村でのみ造られたスパークリングワインの名称で、主要ブドウ品種はピノ・ノワール、ピノ・ムニエ、シャルドネの3種類。醸造方法にも瓶内2次発酵や瓶内熟成期間などの厳しい規制があります。

そんなシャンパーニュの歴史は紆余曲折に富んでいます。国境に近いこの地域は戦争のたびに外的の侵入を受け、この地方の名物は「シャンパン」と「戦争」と言われるほどでした。しかし、ローマ軍の遺跡として地下深く掘られた広大な洞くつがあり、対戦中の爆撃のさなかでも休みなくワインが造られました。兵士達が戦地で飲んだ美味しいシャンパーニュを国に持ち帰ったことから諸国に広まり、輸出も拡大していったといわれています。

歴代のフランス王の戴冠式に使われるなど、聖なるワインとし

PART 2　ワインの産地

ても聖別されてきました。

　フランスでは「ル・シャンパーニュ」と呼ばれ、現在も格式の高い特別な飲み物として尊重されています。

　シャンパーニュには、異なる年度のワインをブレンドして造るノン・ミレジメタイプと、単一年のブドウのみ使用しラベルに年号を表記できるミレジメタイプがあります。また『Brut』『Demi-Sec』など7段階の甘辛度があり、ラベルに表記されます。

　シャンパーニュ地方はかつてブドウが公定価格で取引され、それに伴い村ごとの格付けがありました。現在では格付けのみが伝統的慣習として存在し、約320の村のうち17ヶ村がグランクリュ（特級）、約40ヶ村がプルミエクリュ（1級）とされています。

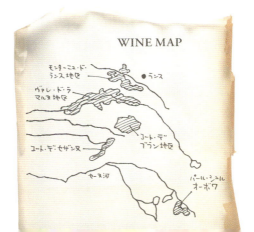

主要生産地

Cote des Blancs
コート・デ・ブラン地区

石灰質は保水性が高く、良質の
ミネラル分を豊富に含むことか
ら、ミネラル分によって複雑な
味わいを生み出すシャルドネが
栽培されています。

Vallee de la Marne
ヴァレ・ド・ラ・マルヌ地区

粘土質を含む多様な地質が入
り組んでいます。丈夫なピノ・ム
ニエが多く植えられていますが、
グランクリュの村では、ピノ・ノ
ワールが栽培されています。

Montagne de reims
モンターニュ・ド・ランス地区

白亜の石灰質土壌は地表から
かなり深いところにあり、ピノ・
ノワールの栽培が多いのが特
徴的です。シャンパーニュのブ
ドウの約8割を栽培しています。

FRANCE

シャンパーニュ Champagne

COLUMN

シャンパンの生産形態の違い

シャンパーニュ地方のいくつかの生産形態
の1つに、原料となるブドウの多くを栽培
農家から買い付けて造っている、ネゴシア
ン・マニピュラン（NM）があります。「スタイル」
に合わせて個性の異なる畑からブドウを購
入してブレンドし、安定した味を保ちます。
グランメゾンと呼ばれる大手はこの方法を
とっています。また、自社畑のブドウからシャ
ンパーニュを造っている小規模生産者もい
ます。こちらは、レコルタン・マニュピラン（RM）
といい、栽培から瓶詰め、出荷まで自社で
全てを行います。

Champagne FRANCE

シャンパーニュのこだわりが感じられる上質なワインたち

Pierre Moncuit
Cuvee Delos
Grand Cru Brut

ピエール・モンキュイ
キュヴェ・デロス
グラン・クリュ ブリュット

特級畑で生まれたミネラル豊富な泡

Christian Busin
Brut Tradition

クリスチャン・ブザン
ブリュット・トラディション

土壌由来の複雑な要素が口のなかで見事に融合

特級畑のシャルドネから生まれた香気たっぷりの泡が心地良い。最初に柑橘系、続いてナッツの香りが豊潤なイメージをかき立てる。

原産地	AOCシャンパーニュ／仏、シャンパーニュ地方
生産者	ピエール・モンキュイ
ヴィンテージ	NV
ブドウ品種	シャルドネ
参考価格(税抜き)	6千円後半
輸入・販売	横浜君嶋屋
味わい	ミディアム・辛口
料理	シュリンプカクテル、岩牡蠣

熟した果実や花のミツのふくよかさと、土壌からくるミネラル感、鉄のニュアンスがバランス良く表現。エレガントなスターターに。

原産地	AOCシャンパーニュ／仏、シャンパーニュ地方
生産者	クリスチャン・ブザン
ヴィンテージ	NV
ブドウ品種	ピノノワール、シャルドネ
参考価格(税抜き)	6千円後半
輸入・販売	横浜君嶋屋
味わい	ミディアム・辛口
料理	刺身、白身魚の粕漬け、お節料理

シャンパーニュワインセレクション

Jean Josselin
Brut Cuvée des Jean

ジャン・ジョスラン
ブリュット キュヴェ・
デ・ジャン

キンメリジャン土壌から生まれる
フルーティなスタイル

Philipponnat
Clos des Goisses

フィリポナ
クロ・デ・ゴワス

手作業で造られた
"単一畑"の泡

白い花や僅かに赤い果実の香り、繊細さ、フレッシュさがあり、キメ細かい泡立ち、バランスに優れた味わい。

原産地	AOCシャンパーニュ／仏、シャンパーニュ地方
生産者	ジャン・ジョスラン
ヴィンテージ	NV
ブドウ品種	ピノ・ノワール
参考価格(税抜き)	6千円
輸入・販売	横浜君嶋屋
味わい	ミディアム・辛口
料理	鮨、和食

45度の急斜面で栽培されるため"重労働"と名付けられた。瓶内熟成8〜10年の力強さとエレガントさがみごとに調和したプレステージュシャンパーニュ。

原産地	AOCシャンパーニュ／仏、シャンパーニュ地方
生産者	フィリポナ
ヴィンテージ	2000年
ブドウ品種	ピノ・ノワール、シャルドネ
参考価格(税抜き)	2万1千円前半
輸入・販売	富士インダストリーズ
味わい	フル・辛口
料理	オマールエビのグリルス

FRANCE
Loire ロワール

フランス国内では緯度が高く、気温も低め。
赤白ともに爽やかな味わいで、酸味の強さが特徴です。

ロワール/産地の特徴

　フランス最長の河、ロワール河。この河の流域は、中世の古城があちこちにある観光地としても有名です。

　フランス中央部から大西洋まで約1000キロにもわたって流れる河の流域に広がる広大なエリアのため、上流域と下流域でブドウの品種も造られるワインの特性も違っています。これがロワール地方の大きな特徴といえます。

　主な産地は、ペイ・ナンテ、トゥーレーヌ、中央フランス地区などがあります。

　なかでも、ペイ・ナンテ地区の辛口白ワイン「ミュスカデ」が有名です。ナンテ地区では、18世紀初頭に猛烈な寒波に襲われ

Pays Nantais
ペイ・ナンテ地区

日本でもポピュラーな白ワイン「ミュスカデ」を産する地区です。ミュスカデはワイン名であるとともにブドウ品種名でもあります。

Touraine
トゥーレーヌ地区

白ワインが主力のロワール地方において、このトゥーレーヌ地区は赤ワインが有名です。気候は大西洋の影響を受けない、大陸性気候となります。

ブドウ畑が全滅してしまいました。それ以来、霜害に強い「ミュスカデ」という白ブドウを栽培しています。この、ミュスカデから造られるワインは「シュール・リー」という製法を用いたワインとしても有名です。この製法のために微発泡していることも多いです。

また中央部の、アンジュ＆ソーミュール地区は、ロワール地方のAOCワインの3割を産出するエリアでもあります。

Anjou & Saumur
アンジュ＆ソーミュール地区

この地区は、古くからある豊かなブドウ畑が広がっていて、赤、白、泡、ロゼと、あらゆるワインが造られています。

Centre Nivernais
サントル・ニウェルネ地区

ロワール河のナントから、400km以上も上流に位置する産地です。ほかのロワール地区の白ワインがシュナン・ブラン種を使っていますが、ここではソーヴィニヨン・ブランが主力となります。

141

Loire   FRANCE

Touraine
Rose de Grolleau

トゥーレーヌ
ロゼ・ド・グロロー

Muscadet Sevre et
Maine Sur Lie
"Terre de Pierre"

ミュスカデ・セーヴル・
エ・メーヌ・シュール・リー
テール・ド・ピエール

チャーミングな香りの
ヴァン・ナチュール

ピチピチの酸と
ミネラルがフレッシュ！

サクランボや赤い果実、花の甘いアロマが可愛らしいイメージ。まるみのある酸が特徴の自然派らしいピュアな味わい。

この品種特有の酸と強いミネラル感が爽やか。柑橘系やメロンの風味が凝縮され、味わいに厚みが。余韻も長く満足感たっぷり。

原産地	AOCトゥーレーヌ／仏、ロワール地方
生産者	シャトー・ド・ラ・ロッシュ
ヴィンテージ	2015年
ブドウ品種	グロロー
参考価格（税抜き）	3千円前半
輸入・販売	横浜君嶋屋
味わい	ミディアム・辛口
料理	生ハムのサラダ、ラタトゥイユ

原産地	AOCミュスカデ・セーヴル・エ・メーヌ／仏、ロワール地方
生産者	ドメーヌ・ピエール・ルノー＝パパン
ヴィンテージ	2015年
ブドウ品種	ミュスカデ
参考価格（税抜き）	3千円後半
輸入・販売	横浜君嶋屋
味わい	ミディアム・辛口
料理	生牡蠣、塩でいただく天ぷら

ロワールワインセレクション

Pouilly Fume
La Moynerie
プイィ・フュメ ラ・モワネリー

ナチュラルな酸の爽やかな白

Silex Le Grand Fricambault
シレックス ル・グラン・フリカンボー

キリリと引き締まったミネラルが爽快感アップ

ライムのような爽やかな香りと酸がフレッシュな印象。スモーキーな風味があり、家庭料理によく合う。よく冷やして楽しみたい。

原産地	AOCプイィ・フメ／仏、ロワール地方
生産者	ミッシェル・レッド・エ・フィス
ヴィンテージ	2016年
ブドウ品種	ソーヴィニヨン・ブラン
参考価格（税抜き）	3千円後半
輸入・販売	日本リカー
味わい	ミディアム・辛口
料理	スモークサーモン、川魚のマリネ

土壌に起因する典型的なミネラル感が特徴。レモンキャンディやハーブ、白い花の香りがワインに奥ゆきを与えている。

原産地	AOCサンセール／仏、ロワール地方
生産者	ドメーヌ・アンドレ・ヌヴー・エ・フィス
ヴィンテージ	2016年
ブドウ品種	ソーヴィニヨン・ブラン
参考価格（税抜き）	3千円前半
輸入・販売	横浜君嶋屋
味わい	ミディアム・辛口
料理	タコの酢の物、マスの押し寿司

FRANCE

Languedoc Roussillon

多彩なワインを生み出す、フランス最大のワイン産地。

ラングドック・ルーション/産地の特徴

　ラングドック・ルーションはフランスの最南端に位置し、モンペリエから地中海沿いに中央山塊、ピレネー山脈に囲まれ、スペイン国境に向かって広がる地域です。地中海特有の恵まれた気候と土壌により、複数のブドウ品種からスパークリング、白、ロゼ、赤、そして甘口ワインと非常に多彩なワインが生産される、フラン

Languedoc
ラングドック

ラングドック地方は地中海沿岸の北からモンペリエ、ナルボンヌの内陸に入ったカルカッソンヌを中心としたセヴェンヌ山脈のすそ野に広がる地域です。グランヴァン・デュ・ラングドックやクリュ・デュ・ラングドックなどの高品質なワインの産地として注目が集まっています。またクレマン・ド・リムーとブランケット・ド・リムーのスパークリングも古くより知られています。

Roussillon
ルーション

ルーション地方はナルボンヌから更に地中海沿いにスペインの国境に、ピレネー山脈に囲まれる、スペインの文化が残る地域です。赤とロゼワインの生産が大半ですが、少量白ワインも造られます。またバニュルスやリヴサルとなどの天然甘口ワインの産地としても知られています。

ラングドック・ルーション

ス最大のワイン産地です。近年ではそれまでに知られていた量産ワインに代わり、高品質ワインを生産するワイナリーが目覚ましく発展し、AOCの階層付けを活発に行っている、注目の産地です。グランヴァン・デュ・ラングドック、クリュ・デュ・ラングドックなどテロワールや品種を細かく上級ワインの格付けを制定しています。

FRANCE
Languedoc/Roussillon

Minervois Les Barons
ミネルボワ
レ・バロン

いくつもの要素が
ハーモニーを奏でる

La Rupture
ラ・ラプチャー

食材とワインを提案
する新しいスタイル

ベリー系の果実香、ローストの香ばしさ、黒こしょうのスパイシーさが絡み合い、多重奏を奏でる。ミネラルや酸のバランスも見事。

原産地	AOCミネルボワ／仏、ラングドック＝ルーション地方
生産者	シャトー・ドーピア
ヴィンテージ	2013年
ブドウ品種	シラー、カリニャン、グルナッシュ
参考価格（税抜き）	2千円後半
輸入・販売	横浜君嶋屋
味わい	フル
料理	スパゲティボロネーゼ、鶏レバー

レモンコンフィや柑橘系の風味に豊かなミネラル感が融合。海沿いのワインらしい仄かな塩味も心地よい。

原産地	VDF／仏（ヴァン・ド・フランス）
生産者	ドメーヌ・ターナー・パジョー
ヴィンテージ	2014年
ブドウ品種	ソーヴィニヨンブラン
参考価格（税抜き）	4千円前半
輸入・販売	横浜君嶋屋
味わい	ミディアム、辛口
料理	寿司、牡蠣

146　　PART 2　ワインの産地

ラングドック・ルーションワインセレクション

Vin de Table
La 50 50
ヴァン・ド・ターブル　ラ・サンコント　サンコント

濃いワイン　好バランスの1本

ブルゴーニュで有名な造り手による味わい深い濃いめのテーブルワイン。気軽に楽しむのに最適。

原産地	VDF／仏（ヴァン・ド・フランス）
生産者	アンヌ・グロ＆ジャン・ポール・トロ
ヴィンテージ	2014年
ブドウ品種	グルナッシュ、シラー、カリニャン
参考価格(税抜き)	オープン
輸入・販売	八田
味わい	ミディアム
料理	すき焼き

Château d'Angles
Grand Vin Rouge
シャトー・ダングレス　グラン・ヴァン・ルージュ

濃厚な果実と煙草の複雑な香り

黒くきらめく深い赤の液、コンフィにした果実やスパイス、煙草の混じった複雑な香り……と、味わいは芳醇かつエレガント。

原産地	AOCラングドック・ラ・クラープ／仏、ラングドック・ルーション地方
生産者	シャトー　ダングレス
ヴィンテージ	2013年
ブドウ品種	シラー、ムールヴェードル　他
参考価格(税抜き)	3千円前半
輸入・販売	アルカン
味わい	ミディアム
料理	鶏のトマト煮

FRANCE

CoteduRhone

ローヌ河沿岸の南北200キロにまたがる地域。
5つの地区には、多様な個性のワインが生まれています。

コート・デュ・ローヌ/産地の特徴

　ローヌ川沿いに南北に広がる地域で、フランスで最も古くから
ブドウ栽培が始まったといわれています。ブドウ畑はブルゴーニュ
の南側から地中海沿岸近くにかけて広がっており、その恵まれた
立地条件から、ブルゴーニュに負けず劣らずの名産地がひしめき
合っています。また、ジビエやトリュフなどの食材にも恵まれ、グル
メの里としても有名です。

　北部と南部ではワインの味わいが異なります。北部ではシラー
から造られる「コート・ロティ」や「エルミタージュ」などのエレガン
トで力強い赤ワイン、ヴィオニエから造られる「コンドリュー」な

CoteduRhone
ローヌ北部

地理的に非常に範囲の限定さ
れたクリュが固まった地方で、
夏暑く冬寒い大陸性気候で、
酸味と渋みのバランスの良い上
質なワインを少量産出していま
す。

CoteduRhone
ローヌ南部

夏は暑く、冬は雲のない地中
海性気候の下、広大な畑がひ
ろがっている。素朴でコストパ
フォーマンスの高いワインの供
給地です。アヴィニョン周辺に
は個性的なワインの生産地も
点在しています。

コート・デュ・ローヌ

どのコクのある白ワインが造られます。南部では複数の品種をブレンドして造られるワインが多く、グルナッシュを主体としてシラー、カリニャン、サンソーなどが使用されるフルーティな赤ワイン、グルナッシュ・ブラン、ルーサンヌ、クレレットなどから造られる果実味豊かな白ワイン、更にAOCシャトー・ヌフ・デュ・パプでは13種類のブドウ品種のブレンドが許されています。

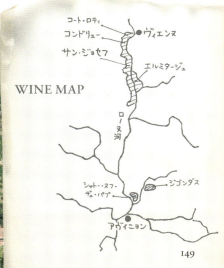

CoteduRhone FRANCE

Cotes du Rhone
Cuvée de "V"
Viognier

コート・デュ・ローヌ
キュヴェ・ド V
ヴィオニエ

ほろ苦く心地良い柑橘系の余韻

熟した果実や花のミツの華やかな香りとハーブやスパイスのドライな風味がマッチ。穏やかな酸と生き生きとした果実味が広がる。

原産地	AOCコート・デュ・ローヌ／仏、コート・ド・ローヌ地方、南ローヌ地区
生産者	ドメーヌ・レ・グベール
ヴィンテージ	2016年
ブドウ品種	ヴィオニエ
参考価格 (税抜き)	3千円後半
輸入・販売	横浜君嶋屋
味わい	ミディアム・辛口
料理	野菜入りドイツハム

Crozes Hermitage 'Domaine de Thalabert'

クローズ・エルミタージュ
ドメーヌ・ドゥ・タラベール

森を思わせる神秘的な香り

熟した果実をかじったようなジューシーさとなめし革や下草、キノコの香りが味わいに立体感をプラス。繊細なタンニンが優雅。

原産地	AOCクローズ・エルミタージュ／仏、コート・デュ・ローヌ地方、北ローヌ地区
生産者	ポール・ジャブレ・エネ
ヴィンテージ	1998年
ブドウ品種	シラー
参考価格 (税抜き)	オープン
輸入・販売	三国ワイン
味わい	ミディアム
料理	仔羊のロティ、鴨のロースト

コート・デュ・ローヌワインセレクション

Saint-Joseph Blanc
サン・ジョセフ ブラン

スパイシーでドライ。夏に似合う白ワイン

Côte Rôtie
Côte Blonde
Lancement
コート・ロティ コート・ブロンド ランスマン

官能的な香りのエレガントな赤ワイン

ハーブの風味や心地良い酸が余韻に残り、清涼感のある飲み心地。洋梨や花、ハーブ、ナッツなどの豊かな香りで味わいもしっかり。

原産地	AOCサン・ジョセフ／仏、コート・デュ・ローヌ地方、北ローヌ地区
生産者	ドメーヌ・デュ・モンテイエ
ヴィンテージ	2016年
ブドウ品種	マルサンヌ、ルーサンヌ
参考価格(税抜き)	5千円後半
輸入・販売	横浜君嶋屋
味わい	ミディアム・辛口
料理	たらの芽の天ぷら、ホワイトアスパラ

凝縮した果実味にバランスの良い酸とタンニンがプラスされ余韻はしっかり。上質なピノ・ノワールを思わせる官能的な香りがエレガントな極上のシラー。

原産地	AOCコート・ロティ／仏、コート・デュ・ローヌ地方、北ローヌ地区
生産者	ドメーヌ・ステファン・オジェ
ヴィンテージ	2007年
ブドウ品種	シラー
価格	3万円～4万円
輸入・販売	横浜君嶋屋
味わい	フル
料理	鴨肉シャンピニオンソース、粗挽きハンバーグ

FRANCE
Alsace アルザス

ドイツ国境に隣接するアルザス地区。
ドイツ系品種でワインが造られます。

アルザス/産地の特徴

　アルザス地方はフランスの北東部、ライン川をはさんでドイツ国境地域に位置します。ブドウ畑は縦に細長く、ヴォージュ山脈の東側の丘陵地の斜面にあります。領有権がフランスとドイツの間を行き来する歴史をもつ土地柄、ワインをはじめ、街並みや料理などドイツ文化の影響が残っています。

　アルザス地方のワインの9割以上が白ワインで、その大半は辛口ですが、甘口やスパークリングなども生産しており、またピノノワールの赤ワインも造られます。

　また主に単一品種で醸造され、ブドウ品種をラベルに表記す

るために非常にわかりやすい産地ともいえます。

　AOCアルザスとAOCクレマン・ダルザスに加え、4種類の「高貴な品種」のリースリング、ゲヴェルツトラミネール、ミュスカとピノグリを使用して造られるAOCアルザス・グランクリュは全体の4％のみ認定されています。

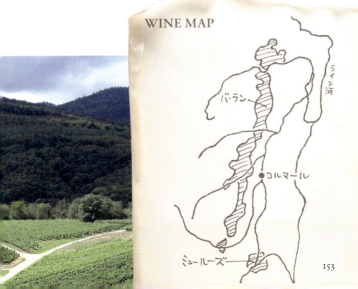

Alsace FRANCE

Boxler Edelzwicker
ボクスレー エデルツウィッカー

バランスよく フレンドリーなワイン

Boxler Riesling
ボクスレー リースリング

品格ある香りと凝縮した味わい

フルーツの爽やかさや甘み、イキイキとしたミネラル、ほのかな酸……。いくつかの品種をブレンドするアルザス独特のワインです。

原産地	AOCアルザス／仏、アルザス地方
生産者	ドメーヌ・アルベール・ボクスレー
ヴィンテージ	2016年
ブドウ品種	ピノブラン リースリング ゲヴェルツトラミネール
参考価格(税抜き)	3千円後半
輸入・販売	横浜君嶋屋
味わい	ミディアムやや辛口
料理	シーフードマリネ、ムール貝ワイン蒸し

熟した果実に花のミツやミネラルが重なり、ノーブルな香りに。少し苦みのある余韻があり、上品な風味がゆったりと続く。

原産地	AOCアルザス／仏、アルザス地方
生産者	ドメーヌ・アルベール・ボクスレー
ヴィンテージ	2016年
ブドウ品種	リースリング
参考価格(税抜き)	5千円後半
輸入・販売	横浜君嶋屋
味わい	ミディアム・辛口
料理	白身魚の昆布〆、豚の冷しゃぶ

アルザスワインセレクション

Andlau Riesling
アンドロー　リースリング

もぎたてフルーツの新鮮な香りが凝縮

Hugel Riesling
ヒューゲル　リースリング

貴族的品種の優雅な辛口

グラスに注いだとたんに大きく広がるフルーツの香りが鮮烈。凝縮感のある酸が溶け込み、味わいに新鮮なパワーがいっぱい。毎年、新しいアートラベルで登場。

原産地	AOCアルザス／仏、アルザス地方
生産者	マルク・クレイデンヴァイス
ヴィンテージ	2017年
ブドウ品種	リースリング
参考価格（税抜き）	3千円前半
輸入・販売	ポニリジャパン
味わい	ミディアム・辛口
料理	スパゲティカルボナーラ

アルザスのなかでも古典的なスタイルを貫く造り手による"貴族的"なリースリング。シャープなミネラル感はこの品種ならでは。

原産地	AOCアルザス／仏、アルザス地方
生産者	ヒューゲル＆フィス
ヴィンテージ	2016年
ブドウ品種	リースリング
参考価格（税抜き）	2千円後半
輸入・販売	ジェロボーム
味わい	ミディアム・辛口
料理	海老の天ぷら

FRANCE

Provence Corsica

人生を楽しむうえで重要な場所。
赤も、白も、もちろんロゼも楽しみましょう。

プロヴァンスとコルシカ島/産地の特徴

　プロヴァンスは、フランスでも世界的に有名なリゾート地です。アルルからマルセイユ、ニースにかけての地域で、フランス人にとって人生を楽しむうえで重要な場所といえます。イタリア国境に近く、イタリア文化の影響を受けながら、地中海の恵みを十分に受けています。ワイン造りの歴史は古く、紀元前6世紀ごろフランスで一番最初にブドウ栽培が伝わった地域です。

　ロゼワインで有名なプロヴァンス地方ですが、良質な赤ワインや極少量白ワインも造られています。

Provence
プロヴァンス地方

ワイン造りの歴史はフランスで最も古い産地です。辛口で淡い色合いの最上のロゼワインが造られる一大産地として知られています。

Corsica
コルシカ島

この島は標高が高く「海の中の山」といわれ、海流の影響で涼しく、ブドウ造りには最適な環境です。1976年この島でははじめて、「Vin de Corse」がAOCに指定されました。

プロヴァンス・コルシカ島

　一方、コルシカ島は、地中海の海と太陽と風に恵まれた、自然豊かなリゾートの島です。イタリア領サルディニア島に隣接し、フランスとイタリアが融合した独自の文化が生まれています。海に囲まれたこの地は一日の寒暖の差が大きく、この気象条件はブドウ栽培にとても良い影響を与えます。それに加えて良い土壌に恵まれているため、希少性の高い素晴らしいワインが造られます。白、ロゼ、赤ワインが生産されます。

Provence Corsica FRANCE

Corse Figari Rouge
コルス・フィガリ ルージュ

野生の果実の風味あふれる香り

Champ du Sesterce
シャン・ドゥ・セステルス

香りのアクセントはフレッシュなハーブ

ミネラルやスパイシーさが黒スグリ、山ブドウなど野生の果実の香りを際立たせる。ほのかなカカオの風味がふくよかな味わい。

原産地	AOCコルス・フィガリ／仏、コルシカ島
生産者	ドメーヌ・クロ・カナレリ
ヴィンテージ	2015年
ブドウ品種	ニエルッキオ、シラー、シャッカレロ
参考価格（税抜き）	5千円後半
輸入・販売	横浜君嶋屋
味わい	フル
料理	馬刺、牛ハラミ焼き

トロピカルフルーツや洋梨、黄桃のアロマティックな香りにハーブのアクセントが。余韻に柑橘系のほろ苦さのあるドライな味わい。

原産地	IGPド・ラ・サント・ボーム／仏、プロヴァンス地方
生産者	ドメーヌ・デュ・デフォン
ヴィンテージ	2016年
ブドウ品種	ロール、ヴィオニエ
参考価格（税抜き）	3千円後半
輸入・販売	横浜君嶋屋
味わい	ミディアム・辛口
料理	アクアパッツァ、魚介のワイン蒸し

プロヴァンス・コルシカ島ワインセレクション

Les Baux-de-Provence
Cuvée Roucas

**レ・ボー・ド・
プロヴァンス
ルージュ**

果実の甘い香りと
スパイス香が調和

Collection du
Chateau Blanc

**コレクション・デュ
シャトー・ブラン**

フレッシュな香りが
時間とともに芳香に

熟したプラムの甘い香りにスパイシーな香りが乗り、複雑なムードを形成。熟成させて飲むとさらに変貌を遂げる可能性が。

原産地	AOCレ・ボー・ド・プロヴァンス／仏、プロヴァンス地方
生産者	ドメーヌ・オーベット
ヴィンテージ	2011年
ブドウ品種	サンソー、カリニャン、グルナッシュ
参考価格(税抜き)	6千円後半
輸入・販売	ラフィネ
味わい	フル
料理	羊のロースト

ミネラル感、清涼感のある印象が、時間とともに黄色い花、ミツ、バニラの芳しい香りに。樽熟成特有のボリューム感に飲みごたえが。

原産地	AOCコトー・ディクサン・プロヴァンス／仏、プロヴァンス地方
生産者	シャトー・ド・ボープレ
ヴィンテージ	2016年
ブドウ品種	ソーヴィニヨン・ブラン、セミヨン
参考価格(税抜き)	3千円後半
輸入・販売	横浜君嶋屋
味わい	ミディアム・辛口
料理	スズキの香草焼き、鶏ささみフライ

159

FRANCE
Jura Savoie ジュラ・サヴォワ

気候・風土が全く違うため、ワインのタイプも違います。
「ジュラ・ワイン」「サヴォワ・ワイン」と分けて呼ばれています。

ジュラ・サヴォワ/産地の特徴

　形式上、なぜか同じエリアであるかのように語られることの多い、ジュラとサヴォワ。ジュラはスイスとの国境、ジュラ山脈の麓に広がる地域で、ここではヴァンジョーヌという特殊なワインが造られています。また、ブドウの品種もこの地方独特のものがいくつもあります。一方、サヴォワは、レマン湖を隔ててスイスとの国境に隣接する地域です。辛口でフルーティな白ワインが造られています。チーズ・フォンデュによく合うワインが多いことでも知られています。

ジュラ・サヴォワワインセレクション

Poulsard Côtes du Jura
**プールサール
コート・デュ・ジュラ**

淡い色調とおりの
繊細で優しい味わい

Vin Jaune l'Etoile
**ヴァンジョーヌ・
レトワール**

豊かな樽の香りと
エレガントな酸化熟成の風味

キュッと引き締まった心地よいフレッシュな酸としっかりした果実味があり、シルキーなタンニンと心地よい余韻。

新鮮なクルミや青りんご、エスニックなスパイスの香りがあり、ふくよかな味わい。丸みがあり、ミネラル感も豊か。

原産地	AOCコート・デュ・ジュラ／仏、ジュラ地方
生産者	ドメーヌ・ド・モンブルジョー
ヴィンテージ	2016年
ブドウ品種	プールサール
参考価格(税抜き)	4千円後半
輸入・販売	横浜君嶋屋
味わい	ミディアム
料理	京料理、甲殻類のお寿司

原産地	AOCレトワール／仏、ジュラ地方
生産者	ドメーヌ・ド・モンブルジョー
ヴィンテージ	2010年
ブドウ品種	サヴァニャン
参考価格(税抜き)	1万円
輸入・販売	横浜君嶋屋
味わい	ミディアム、辛口
料理	コンテチーズ、サラミ、中華料理

2つの顔を持つ品種
——シラーとシラーズ

同じ品種なのに呼び方が異なる"シラー"と"シラーズ"。世界中のワインファンから再評価されている品種に注目しました。

　栽培面積第5位と、世界のあちこちで栽培されるブドウ品種、シラー。フランスのローヌ地方の長熟タイプの高級ワインを生む品種として知られています。

　温暖な気候を好むため、フランス以外でも造られていますが、最も多く造られているのはオーストラリア。この地での独特の呼び名が、「シラーズ」です。

　ともに濃厚かつスパイシー、パワフルでエネルギッシュな味わい……と「野性的」と表現されることの多い品種で、オーストラリアワインの性格を決定付けたともいえます。

　その一方でピノ・ノワールのようなデリケートで華やかな香りを持つエレガントなワインもあり、正反対の顔を持つのがこの品種の最大の魅力といえます。

「シラーズ＝野性的」「シラー＝エレガント」と単純化されるものではなく、最近はオーストラリアでもエレガントなシラーを目指す生産者が続出。この風潮はオーストラリア以外のシラー生産国でも見られ、世界中で「エレガントシラー」が続々生まれています。

　野性味と華やかさを併せ持つ魅惑的なワインを飲みたかったら、シラーを選んでみましょう。きっと期待に応えてくれるはずです。

Syrah No.2	La Rosine Syrah IGP Collines Rhodaniennes
シラー No.2	**ラ・ロジーヌ IGP** **コリンヌ** **ロダリエンヌ**

オーストラリアの
エレガントシラー

果実味にあふれる
ローヌのシラー

フルーツのパワーを前面に出し、オークの風味と森の果実を調和させ、フレッシュ感を表現。

熟した甘い果実香にスパイスやハーブのエスニックなニュアンスが。造り手特有のエレガントさを満喫。

原産地	豪、ヴィクトリア州
生産者	ドメーヌ・アラン・グライヨ
ヴィンテージ	2010年
参考価格(税抜き)	4千円後半
輸入・販売	アルカン
味わい	赤／フル
料理	仔羊のロースト

原産地	IGPコリンヌ・ロダニエンヌ／仏、コート・デュ・ローヌ
生産者	ドメーヌ・ステファン・オジェ
ヴィンテージ	2016年
参考価格(税抜き)	4千円後半
輸入・販売	横浜君嶋屋
味わい	赤／ミディアム
料理	メンチカツ、中華料理

Italy イタリア

**生産量世界一をフランスと競う、もう一つの"ワインの王国"。
ワインの個性も、北部・中部・南部で異なります。**

イタリア／産地の特徴

　イタリアといえば、フランスに次ぐ「ワインの国」として知られています。南北に細長い長靴の形をした国土のため、さまざまな気候と土壌を持ち、ギリシャよりワイン栽培に適していました。そのため、ギリシャ人は憧れをこめて「ワインの大地」と呼んでいたそうです。

　国土の8割を山岳地帯と丘陵地帯が占めるイタリアは、山あり谷あり、湖や河川ありで、地域によって天候が大きく違います。そのため、地方により造られるワインは香りも味わいもバラエティ豊か。イタリア全州でさまざまなタイプのワインが造られています。

　ブドウ栽培農家は80万軒、ワインを造る業者はおよそ37,000軒以上といわれていますが、イタリアワインは、なんと生産量のおよそ8割を国内で消費してしまうため、輸出されるのはほんのわずかです。そのため、フランスワインほど実力が知られていません。しかし、その多種多様で個性豊かなイタリアワインの魅力は着実にファンを増やしています。

　フランス同様イタリアでもブドウ品種、収穫量、醸造法などがワイン法で管理され、国内での分類は上位からDOCG、DOC、IGT、VDTの4つ。ただしイタリア人ならではのワイン法や格式を度外視して造られるワインもあります。「スーパートスカン」と呼ば

れる魅力的なワインも、そんなイタリア人気質から誕生しました。食べることが大好きなイタリア文化の中で育まれたこの地のワインは、料理に合わせてより美味しく飲めるものが多いのも特徴です。

主要生産地区

北部・山岳地帯

◆ピエモンテ州＝イタリアを代表する著名な産地。地品種から赤白ともに良質なワインがたくさん存在します。「王のワイン」と呼ばれる有名なバローロを筆頭にアスティ、ガーヴィ、ロエーロなど、DOCGワインを国内で一番多く産出しています。

◆ヴェネト州＝ピエモンテとならぶ北イタリアの名産地。"優雅"という意味を持つ白の「ソアヴェ」や、「ヴェローナワイン」の王と呼ばれる陰干ししたブドウを使った印象的な赤「アマローネ」はこの地方のワインです。

◆ロンバルディア州＝丘陵地帯で栽培されるブドウから生まれる多種多様なワインがあります。特にDOCG「フランチャコルタ」はシャンパーニュに劣らない素晴らしい発泡性ワインとして有名です。

北部・山岳地帯その他の州

北部国境地帯に隣接するこの地域は地品種のほかに隣国の影響を受けワインのスタイルもさまざま。共通でいえるのは標高が高く冷涼な気候風土から、酸のバランスが良く清涼感のある高品質なワインが造られています。フリウリ・ヴェネツィア・ジューリア州は良質な白ワインの産地、トレンティーノ・アルト・アディジェ州は赤白泡と多様です。

イタリア　Italy

中部・ティレニア海沿岸地帯

トスカーナ州＝山と海に挟まれたこの地は古代よりブドウ栽培が盛んで、ピエモンテ州と並び高品質のワインを産出してきました。著名なワイン「キャンティ」を造るサンジョヴェーゼのふるさとです。また好奇心に満ちた造り手からスーパートスカンが生まれた土地です。

そのほかの州でもほとんど古代からからワイン造りが行われています。カンパーニャやバジリカータ州で栽培されるアリアニコからは力強い赤、ギリシャから伝わったといわれる白品種のグレーコ、古代品種フィアーノなどなど、この地域も目が離せない個性派ワインの宝庫です。

アドリア海沿岸地帯

アブルツォやマルケ州では、モンテプルチアーノという品種からイタリアの日常ワインが大量に生産されています。またブーツに譬えたイタリア地形でかかと部分に位置するプーリア州のワイン造りは古代にさかのぼり、ネグロ・アマーロやプリミティーボなどの地品種の栽培が受け継がれています。

地中海の島々

シチリア州、サルディニア州も古い歴史を持つワインの主要産地です。2つの島はそれぞれの地品種があり栽培しているブドウは異なります。沿岸地帯特有の陽気なワインが多いなか、シチリアでは有名なエトナ火山の麓の冷涼な土地で清涼感あふれるピュアな味わいのワインが造られています。

Italy

イタリアのこだわりが感じられる上質なワインたち

Roero Arneis
ロエロ・アルネイス

口のなかではじける芳醇な果実味！

CAVALIER PEPE
GRECO DI TUFO
カヴァリエル ペペ
グレコ・ディ・トゥーフォ

熟成の変化を楽しみたいワイン

干したアプリコットをかじったときのような甘みが口のなかで広がり、余韻が続く。ほど良いミネラル感と酸が爽やかなのどごしを演出。

原産地	DOCGロエロ・アルネイス／伊、ピエモンテ州
生産者	ブルーノ・ジャコーザ
ヴィンテージ	2017年
ブドウ品種	アルネイス
参考価格（税抜き）	4千円後半
輸入・販売	モトックス
味わい	ミディアム・辛口
料理	ドライフルーツ、パテ、ブルーチーズ

火山性土壌と相性が良く古代ギリシアから持ち込まれたブドウ、グレコ（＝ギリシア）から造られるDOCGワイン。

原産地	DOCGグレーコ・ディ・トーフォ／伊、カンパーニャ州
生産者	テヌータ カヴァリエル ペペ
ヴィンテージ	2015年
ブドウ品種	グレーコ・ディ・トーフォ
参考価格（税抜き）	2千円後半
輸入・販売	アグリ
味わい	ミディアム・辛口
料理	魚介のリゾットやパエリア、トリュフやキノコ入りのパスタ

イタリアワインセレクション

Passo Rosso
パッソ・ロッソ

華やかな果実味が
まるでブルゴーニュ！

Montepulciano
d'Abruzzo Casale
Vecchio
モンテプルチャーノ
ダブルッツォ
カサーレ・ヴェッキオ

バランスの良い
カジュアルなボディ

樹齢100年の古木から生まれたイタリアの赤。ブルゴーニュの良質なピノ・ノワールを思わせるエレガントな果実味と熟成感。

原産地	IGTシチリア／伊、シチリア島
生産者	グアルディオーラ
ヴィンテージ	2016年
ブドウ品種	ネレッロ・マスカレーゼ
参考価格(税抜き)	4千円後半
輸入・販売	モトックス
味わい	フル
料理	焼豚、豚のロースト

イタリアで最もよく飲まれているカジュアルな品種のフルボディ。果実味とアタックのバランスが良く、コストパフォーマンス抜群。

原産地	DOCモンテプルチアーノ・ダブルツォ／伊、アブルツォ州
生産者	ファルネーゼ
ヴィンテージ	2016年
ブドウ品種	モンテプルチャーノ
参考価格(税抜き)	2千円前半
輸入・販売	稲葉
味わい	フル
料理	スパゲティポモドーロ

Italy

イタリアのこだわりが感じられる上質なワインたち

Il Moggio
イル・モッジョ

木樽熟成によるリッチなアロマ！

ミツをたっぷり含んだグレープフルーツにバニラと、上品で豊かな香りは木樽熟成ならでは。まろやかさとフレッシュさが融合。

原産地	IGTウンブリア／伊、ウンブリア州
生産者	カンティーナ・ゴレッティ
ヴィンテージ	2015年
ブドウ品種	グレケット
参考価格(税抜き)	2千円前半
輸入・販売	モトックス
味わい	ミディアム・辛口
料理	白身魚のカルパッチョ

Barolo Falletto
バローロ ファッレット

凛としたフィネス、品格漂うワイン

完熟イチゴ果実、ミネラル、ホワイトペッパー、ほんのりバニラ香が次々と湧き上がる。果実味ときれいで優しい酸味。

原産地	DOCGバローロ／伊、ピエモンテ州
生産者	ファッレット・ディ・ブルーノ・ジャコーザ
ヴィンテージ	2014年
ブドウ品種	ネッビオーロ
参考価格(税抜き)	3万5千円
輸入・販売	モトックス
味わい	フル
料理	牛、子羊、鴨肉などのロースト

イタリアワインセレクション

Brunello di Montalcino
ブルネッロ・ディ・モンタルチーノ

色、香り、味わい。すべてがエレガント

ガーネットがかったルビーレッドの色、芳醇な果実の香りと樽熟からくるバニラやチョコレートの香りが調和し華麗な印象に。

原産地	DOCGブルネッロ・ディ・モンタルチーノ／イタリア、トスカーナ州
生産者	コル・ドルチャ
ヴィンテージ	2013年
ブドウ品種	ブルネッロ
参考価格(税抜き)	5千円後半
輸入・販売	フードライナー
味わい	フル
料理	鴨のロースト

Perlato del Bosco Rosso
ペルラート・デル・ボスコ・ロッソ

スパイシーな香りで骨格豊かな赤ワイン

果実やチョコレート、杉、スパイスなど複雑な香りとやわらかさを兼ね備えた骨格、上品な酸とさまざまな表情を見せる一流のワイン。

原産地	IGTトスカーナ／伊、トスカーナ州
生産者	アジィエンダ・アグリコーラ・トゥア・リータ
ヴィンテージ	2016年
ブドウ品種	サンジョヴェーゼ
参考価格(税抜き)	4千円
輸入・販売	モトックス
味わい	フル
料理	仔羊のロースト

Spain　スペイン

世界最大のブドウ栽培面積を誇るスペイン。
生産量でも世界第3位で、個性的なワインを造り出しています。

スペイン／産地の特徴

闘牛にフラメンコ、まさに「情熱の国」スペイン。ヨーロッパ大陸の南端にあり、北側はフランスとイタリアに隣接し、南はジブラルタル海峡越しにアフリカ大陸を望む広大な国です。その広大な国土のほぼ全土でブドウ栽培が行われており、栽培面積は世界一です。ワインの生産量でも世界第3位になっています。

また、スペイン原産のブドウ品種も多く、今では世界でも評価の高いワインの宝庫となっています。

スペインワインにとって、ターニングポイントになったのは、19世紀後半、害虫の大発生によってフランスのブドウ園が壊滅状態になったことです。その時に、フランスから多くのワイン醸造者が新天地を求めてやってきたことが、スペインワインの品質向上に大きく貢献しています。

今やスペインは、フランス、イタリアに次ぐワイン生産国になっています。スペインワインの「カヴァ」や「シェリー」は世界中で愛されています。

スペイン国内のワイン法の分類は、最上級からテーブルワインまでの7段階。スペインでは古くから、樽で長期間熟成させたものほど上級という価値観がありました。しかし最近では、樽香を重視しない新しい造り手が次々と登場しています。そのため「樽でどのくらいの期間熟成させたものか」のみの熟成規定もあります。

172　　PART 2　ワインの産地

　生産地としては特に、プリオラトやリベラ・デル・デュエロなどが有名です。

主要生産地区

Rioja
リオハ

スペイン北部、フランス国境に近いワイン産地。ワイン造りは1000年の歴史がありますが、近年になり特に優れた品質が認められスペインで最初のDOCワインとなりました。テンプラニーニョ主体で高級ワインが造られます。

Priorato
プリオラト

1980年代に「四人組」と呼ばれる改革派によりこの地域のワインは大きな変貌を遂げ、現在スペインでたった2箇所だけ認定されているDOC地域の一つです。地品種にフランス品種のカベルネやメルロをブレンドしたタイプが多いようです。

La Mancha
ラ・マンチャ

ラ・マンチャはスペインで最大のDOで、ブドウ畑総面積191,699ヘクタールを誇る世界最大のワイン生産地でもあります。

Sanlucar de Barrameda
ヘレス＆マンサニーリャ・サンルカール・デ・バラメダ

アンダルシア地方にあるシェリーの産地でアルバリサと呼ばれる石灰質土壌の土地です。ブドウ品種はパロミノ、ペドロ・ヒメネス、モスカテル。ワイン発酵途中に酒精強化して造られるスペインならではのワインで、辛口から甘口まであります。

スペイン Spain

Penedes
ペネデス

地中海沿岸に位置するバルセロナにほど近いワイン産地で、高品質なワイン造りを目指し革新されてきました。その結果さまざまなブドウが栽培され造られるワインも赤・白・ロゼ・CAVA(発泡)とバラエティ豊かです。

Navarra
ナバーラ

ピレネー山脈の麓に広がる山地なので、ブドウは高地で栽培されています。ガルナッチャから造られるロゼワインで有名な地域ですが、近年ではテンプラニーニョやカベルネ・ソーヴィニヨンの栽培が増えています。

ribera del Duero
リベラ・デル・デュエロ

スペイン内陸部のワイン産地。夏は暑く乾燥し、冬は厳しい寒さとブドウ栽培に適した気候を持ち、高品質ワインを多く生み出します

Rias Baixas
リアス・バイシャス

1988年に原産地呼称を獲得しました。地域ぐるみで革新が進められ、アルバリーリョという品種から「スペインで最も上質な白ワインの産地」という名声を確立しました。

Spain

スペインのこだわりが感じられる上質なワインたち

Bengoetxe Getoriako Tpxkolina

ベンゴエチェ
エコロヒコ
チャコリ

チャコリと呼ばれる
ヴァスク地方の爽やかなワイン

Rivarey Crianza

リヴァレイ
クリアンサ

シルキーでふくよか。
フレンドリーな赤

有機栽培で年間21,000本のみ造られる。ヴァスク地方の地酒で、微発泡の泡を楽しむために現地では肩より高い位置からコップの形をしたグラスにワインを注ぐ。

原産地	DOゲタリア・チャコリーナ／スペイン、バスク州
生産者	カセリオ・ベンゴエチェア
ヴィンテージ	2016年
ブドウ品種	オンダリビ・スリ他
参考価格（税抜き）	2千円後半
輸入・販売	ス・コルニ
味わい	ライト・辛口
料理	あさり酒蒸し、焼き牡蠣

果実とバニラの性質が異なる甘い香りとかすかなスパイス香のハーモニーが魅惑的。樽による長期熟成が親しみやすい味に完成。

原産地	DOCリオハ／スペイン、リオハ
生産者	マルケス・デ・カセレス
ヴィンテージ	2015年
ブドウ品種	テンプラニーニョ
参考価格（税抜き）	1千円前半
輸入・販売	アルカン
味わい	ミディアム
料理	オムレツ

スペインワインセレクション

エレダー・カンデラ モナストレル
Heredad Candela Monastrell

地ブドウの魅力が この１本で開花

パシヨン デ・ボバル
PASION DE BOBAL

香りや味わいの バランスが魅力的

スペインの地ブドウ、モナストレルにこだわり、エレガントな飲み口を実現。複雑な香りと凝縮感、ジューシーさを堪能して。

原産地	DOイエクラ／スペイン、ムルシア州
生産者	バラオンタ
ヴィンテージ	2015年
ブドウ品種	モナストレル
参考価格（税抜き）	3千円前半
輸入・販売	モトックス
味わい	フル
料理	豚角煮

赤い果実の香りと樽からくる焙煎香、タンニンと酸……と、すべての調和がとれた魅惑の1本。コストパフォーマンスの良さも魅力。

原産地	DOウティエル・レケーナ／スペイン、バレンシア州
生産者	ボデガ・シエラ・ノルテ
ヴィンテージ	2015年
ブドウ品種	ボバル
参考価格（税抜き）	2千円後半
輸入・販売	ス・コルニ
味わい	ミディアム
料理	鴨の赤ワイン煮、カマンベールチーズ

Spain

スペインのこだわりが感じられる上質なワインたち

Torres Mas La Plana
Cabernet Sauvignon

トーレス マス・ラ・プラナ カベルネ・ソーヴィニヨン

ふくよかでジューシーな心地良いタンニン

Agusti Torello Mata
Brut Nature Grand Reserva

アグスティ・トレジョ・マタ ブリュット・ナトゥーレ グラン・レゼルヴァ

フレッシュさも熟成感もある泡

フランボワーズやプラムを煮詰めたような香りに野生動物のニュアンスが。ジューシーなタンニンがワインをエレガントに導く。

原産地	DOペネデス／スペイン、カタルーニャ州
生産者	トーレス
ヴィンテージ	2013年
ブドウ品種	カベルネ・ソーヴィニヨン
参考価格(税抜き)	9千円
輸入・販売	エノテカ
味わい	フル
料理	牛ステーキ、ジビエ

スペイン一予約の取れないレストランでイチオシされるスパークリングワイン。フレッシュさと熟成感が奇跡の調和を実現！

原産地	DOカバ／スペイン、カタルーニャ州
生産者	アグスティ・トレジョ・マタ
ヴィンテージ	2013年
ブドウ品	マカベオ、パレジャーダ　他
参考価格(税抜き)	3千円前半
輸入・販売	ス・コルニ
味わい	ミディアム・辛口
料理	中華風オードブル

スペインワインセレクション

Cune Rioja Monopole
クネ リオハ・モノポール

スペインで最古の白ワインブランド

青りんごや柑橘系の爽やかな香りに溢れ、豊かな酸とミネラルが実感できる。心地よい果実味のエレガントな余韻がある。

原産地	DOCa リオハ／スペイン、リオハ
生産者	クネ
ヴィンテージ	2014年
ブドウ品種	ビウラ(マカベオ)
参考価格(税抜き)	1千円後半
輸入・販売	三国ワイン
味わい	ミディアム、辛口
料理	天ぷら、白身魚のソテー

VERUM TINTO
ヴェルム・ティント

甘いタンニンとほど良い酸が優美

口中の滑らかさは、まるでヴェルヴェットのよう。果実やスパイス、バルサミコの複雑な香りと甘いタンニンの調和がエレガント。

原産地	DOラマンチャ／スペイン、カスティーリャ・ラ・マンチャ州
生産者	エリアス・ロペス・モンテロ
ヴィンテージ	2012年
ブドウ品種	メルロ、テンプラニーニョ 他
参考価格(税抜き)	2千円後半
輸入・販売	アルカン
味わい	ミディアム
料理	鶏レバーの赤ワイン煮

USA アメリカ

「新世界・ニューワールド」のワインとして日本で最もなじみ深いカリフォルニアワイン。
アメリカにはほかにも多くの名産地があり、現在世界中から注目される重要なワイン生産国です。

アメリカ／産地の特徴

　アメリカは世界第4位のワイン生産国です。主な産地は太平洋沿岸にあり、なかでも最大の産地はカリフォルニア州で、アメリカの総生産量の約90％を占めています。この地域は年間を通じて日照量が多く、カリフォルニア寒流の影響を受けて発生する朝晩の霧が一日の気温に寒暖差を生みます。これがブドウ栽培の好条件となり、カジュアルなワインから高級なカルトワインまで様々なタイプのワインを多く産出しています。また、太平洋沿岸から少し内陸に入った山脈の合間にはピノノワールの名産地であるオレゴン州や、更に内陸中央部に広がるワシントン州でも、恵まれた気象条件から高い評価を受けるワインが産出されています。大西洋岸北部のニューヨーク州は、近年ワインの品質向上やワイン用ブドウ栽培の増加、ワイン産地への観光客の誘致など、州内でワイン産業への関心が高まっています。

　アメリカのワイン法は1978年に制定されました。国名、州名、郡名などの産地名の表示、ブドウ品種名の表示、収穫年の表示、アルコール含有量などを規定しています。また、AVA（American Viticultural Areas）＝米国政府認定ブドウ栽培地域では、認定された各地域の条件に合ったブドウの品種や収穫年の使用割合がさらに厳しく限定されます。但し、AVAはヨーロッパのワイン法とは異なり、ブドウ品種や栽培・醸造法などを規制するものではありません。

181

主要生産地

North Coast
ノースコースト

サンフランシスコの北に位置し美しい海岸線やレッドウッド森林の近くに世界的に有名な産地が点在、高級ワインを産出しています。最も有名な AVA はソノマ、ナパ、メンドシーノなどで、大規模な生産者から小規模で高品質のワインを生産するブティックワイナリーまでさまざまなワイナリーが存在します。

Southern California
南カリフォルニア

ロサンジェルスからサンディエゴまでの灼熱の太陽がふりそそぐ地域。メキシコのスペイン人によってカリフォルニアで最初にワイン造りがはじまった土地といわれています。主な AVA は、テメクラ、クカモンガ・ヴァレーなどがあります。

Sierra Nevada
シエラ・ネヴァダ

サンフランシスコから東へ車で2時間ほど、19世紀の中ごろ、ゴールドラッシュの中心地だったネヴァダ周辺の地域。樹齢の古いジンファンデルが有名で、高品質なソーヴィニヨン・ブランも造られます。主な AVA はアマドア、カラヴェラス、エル・ドラドの各カウンテティ。

Washington
ワシントン州

アメリカ西海岸最北端に位置する砂漠地帯で、多数のブドウ品種を栽培。生産量はカリフォルニア州に続き全米で2位です。カリフォルニアワインの力強さとフレンチワインの上品さを併せ持っています。

アメリカ　USA

Central Valley
セントラル・ヴァレー

沿岸山脈とシエラ・ネヴァダ山脈に挟まれた、カリフォルニア州最大の生産地。大手ワイナリーが日常のテーブルワインを多く生産しています。主なAVAは、ロダイ、マデーラなど。

Central Coast
セントラルコースト

サンフランシスコから南に車で6時間、モントレーの美しい海岸沿いを抜けてサンタバーバラまでの地域。沿岸沿いと内陸では異なった気候なので、ワインもヴァラエティに富んでいます。主なAVAはサンタバーバラ、サンタクルーズ・マウンテンズ、モントレーなどで、シャルドネ、ピノ・ノワール、メルロなどが栽培されています。

New York
ニューヨーク州

ニューヨーク東部を中心にワイン造りが行われています。アメリカ国内では栽培の歴史は古く17世紀中ごろからといわれアメリカの地品種を栽培していましたが、20世紀に入ってからはヨーロッパ系の品種の栽培が盛んになり、品質も向上しています。

Oregon
オレゴン州

フランスのブルゴーニュ地方とほぼ同緯度で、ピノ・ノワールの栽培に適した土壌が成功への大きな要因です。そのほかピノ・グリ、シャルドネ、リースリングなどの白ワイン様品種やカベルネ・ソーヴィニヨンも植えられています。有名産地はAVAウィラメット・ヴァレーで、オレゴン州最大規模。

USA

アメリカのこだわりが感じられる上質なワインたち

Oregon Chardonnay
Arthur

オレゴン
シャルドネ
アーサー

濃く、爽やかな
骨太白ワイン

Noria Chardonnay

ノリア シャルドネ

華やかな香りで
幸せな気分に

バターやアーモンドの香りにハチミツのような味わい。しっかりとした濃さと爽やかさの両方を実現した、陰影深いシャルドネ。

原産地	AVAダンディヒル／米、オレゴン州
生産者	ドメーヌ・ドルーアン・オレゴン
ヴィンテージ	2015年
ブドウ品種	シャルドネ
参考価格(税抜き)	5千円後半
輸入・販売	三国ワイン
味わい	ミディアム・辛口
料理	海老、カニのグリル、チキンサラダ

フルーツやナッツ、バターなどさまざまな香りの要素が華やかに開く。キリリと締まりながらも豊かな味わいが幸せな気分へと導く。

原産地	AVAソノマコースト／米、カリフォルニア州、ソノマ郡
生産者	ナカムラセラーズ
ヴィンテージ	2011年
ブドウ品	シャルドネ
参考価格(税抜き)	4千円後半
輸入・販売	中川プランニング
味わい	ミディアム・辛口
料理	白身魚のムニエル

アメリカワインセレクション

Gargiulo 575OV X-G
Major ~ Study Cabernet
Sauvignon

ガルジウロ・Gメジャー7　スタディ

Kistler
Sonoma Coast
Pinot Noir

**キスラー
ソノマコースト
ピノ・ノワール**

滑らかなタンニンに風格が漂う

昔ながらの製法を守る骨太のワイン

口に含むとヴェルヴェットのようなしなやかで滑らかなタンニンがゆっくりと広がる。スクリーミング・イーグルと地続きの畑で作られているワイン。

原産地	AVAオークヴィル／米、カリフォルニア州、ナパ郡
生産者	ガルジウロ・ヴィンヤーズ
ヴィンテージ	2014年
ブドウ品種	カベルネ・ソーヴィニヨン　カベルネ・フラン　他
参考価格(税抜き)	3万円〜3万5千円
輸入・販売	横浜君嶋屋
味わい	フル
料理	サーロインステーキ

特徴的なのはさまざまなフルーツの香り。フランボワーズやプラムが華やかに広がる。エレガントさと強さが両立した赤ワイン。

原産地	AVAソノマコースト／米、カリフォルニア州、ソノマ郡
生産者	キスラー・ヴィンヤード
ヴィンテージ	2013年
ブドウ品種	ピノ・ノワール
参考価格(税抜き)	オープン
輸入・販売	横浜君嶋屋
味わい	ミディアム
料理	鴨のフルーツソース

USA

アメリカのこだわりが感じられる上質なワインたち

Dalla Valle Cabernet Sauvignon
ダラ・ヴァレ カベルネ・ソーヴィニヨン

火山性土壌から生まれる複雑性に富むワイン

Rebecca K Pinot Noir
レベッカ K ピノ・ノワール

妻の名を付けた愛情あふれる赤

しっかりとしたストラクチャーとなめらかなベリー系の風味。ナパのカベルネソーヴィニヨン最高峰のワイン。

原産地	AVAオークヴィル／米、カリフォルニア、ナパヴァレー
生産者	ダラ・ヴァレ
ヴィンテージ	2013年
ブドウ品	カベルネソーヴィニヨン カベルネフラン
参考価格（税抜き）	3万3千円
輸入・販売	JALUX
味わい	フル
料理	牛のステーキやワイン煮込み

明るく透き通ったルビー色で清涼感あり、アルコール度数は控えめ。上品でチャーミングな味わいで料理をさらに美味しくする1本。

原産地	AVAソノマコースト／米、カリフォルニア、ソノマ郡
生産者	幻ヴィンヤード
ヴィンテージ	2012年
ブドウ品	ピノ・ノワール
参考価格（税抜き）	1万2千円
輸入・販売	デプトプランニング
味わい	ミディアム
料理	豚のカツレツ

アメリカワインセレクション

Marilyn Wines
Sauvignon Blonde

マリリン・ワインズ
ソーヴィニヨン
ブロンド

マリリンのように
セクシーかつピュア

Spellbound
Cabernet Sauvignon

スペルバウンド
カベルネ・
ソーヴィニヨン

魔法にかかった
魅惑の味わい

毎年変わるマリリン・モンローのラベルで有名。ラベルのファンだけではなくその華やかでピュアな味わいで高い評価を受けている。

原産地	AVAレイクカウンティ／米・カリフォルニア州
生産者	マリリンワインズ
ヴィンテージ	2014年
ブドウ品種	ソーヴィニヨン・ブラン
参考価格(税抜き)	3千円後半
輸入・販売	ナパワイントラスト
味わい	ミディアム・辛口
料理	焼き魚のレモン添え

「魔法にかかった」という意味の名前を付けられた魅惑の赤ワイン。杉や煙草のアロマとタンニンが解け合い、心地良く広がる。

原産地	AVAロディ／米、カリフォルニア州、セントラルヴァレー
生産者	マイケル・モンダヴィ・ファミリー・エステート
ヴィンテージ	2015年
ブドウ品種	カベルネ・ソーヴィニヨン 他
参考価格(税抜き)	2千円後半
輸入・販売	ジェロボーム
味わい	赤／フル
料理	ポークソテー

187

Germany ドイツ

**品質の高さと個性で世界中から愛されているドイツワイン。
厳格で細かい分類と格付けが高品質を裏付けています。**

ドイツ／産地の特徴

　ドイツは世界最北のワイン産地の一つに数えられます。このことが、豊かで上品な酸を特徴とするドイツワインの性格を決定づけています。近年は気候変動の影響で、夏は最高気温が30℃を超える日も少なくありませんが、基本的には冷涼な気候のため、川面に反射する日光を畑に取り込むために川沿いの南斜面にブドウ畑をつくる等の工夫をしています。

　ドイツのワイン造りの歴史は古く、ほぼフランスと同じ時代までさかのぼることができます。原産地呼称ワインであるプレディカーツワインとクヴァリテーツワインの産地は13の特定地域に分けられ、そのほとんどが南西部に集中しています。中でも、ドイツで最も長いライン河沿岸にある「ラインガウ」と、モーゼル川、ザール川、ルーヴァー川流域にある伝統的なリースリング栽培地域「モーゼル」が有名です。ワインのタイプはそれぞれの気候や土壌により地域特有の性格を持っています。

　ドイツワインは、EUワイン法改定に伴い、地理的表示ワインと地理的表示のできないワインの2つに大きく分類されます。「地理的表示ワイン」はカビネット、シュペートレーゼ、アウスレーゼ、ベーレンアウスレーゼ、アイスワイン、トロッケンベーレンアウスレーゼの6等級が存在する肩書付き上質ワイン「プレディカーツワイン」、特定産地上質ワインの「クヴァリテーツワイン」、地酒の「ラント

ワイン」の3つのカテゴリーに分類されます。地理的表示のできないワインは「ドイチャーワイン」と呼ばれるテーブルワインです。ドイツ独特の厳格なワイン法により、様々な角度から管理されている「プレディカーツワイン」と「クヴァリテーツワイン」がドイツ全体の生産量の大半を占めていることからも、ドイツワインの品質の高さがうかがえます。

主要生産地

Mosel
モーゼル地方

モーゼル・ザール・ルーヴァーの3つの河の流域にある産地です。土壌は上流から下流まで異なっているので、ワインの味わいもさまざま。ボトルは殆どがグリーンです。モーゼル特有のフルーティで芳しいワインは、中流辺りの特殊な土壌の急斜面のブドウから造られます。

Franken
フランケン地方

主にミュラートゥルガウやシルヴァーナー、リースリングなど白ワイン品種が栽培され、スッキリとし引き締まった辛口タイプのワインが造られています。ボックスボイテルと呼ばれる扁平瓶が有名です。

Rheinhessen
ラインヘッセン地方

ドイツ最大の栽培面積。白はリースリング、ミュラートゥルガウ、シルヴァーナー、赤はドルンフェルダーなどが栽培されています。豊かな果実味と口当たりの良いまろやかなデリケートなワインが造られます。

ドイツ　Germany

Rheingau
ラインガウ地方

日当りの良い南に面した土地に畑があることが多く、白はリースリングから赤はシュペートブルグンダーから洗練された気品のある高級ワインが生み出されます。この地方では茶色のボトルに詰められることが多く、ドイツワインの中心的な存在です。

Baden
バーデン地方

北のハイデルベルグから南のボーデン湖まで続く細長い地域で、この国最南端の産地。生産地13地区のなかで唯一EUのワイン生産地気候区分のBゾーンに属し、果実味豊かなしっかりした味わいのワインが造られます。高品質のシュペートブルグンダー（ピノ・ノワール）も人気です。

Pfalz
ファルツ地方

古くからワイン産地であったこの地方の広大な栽培面積は、ラインヘッセンに次ぎドイツで2番目。温暖な気候に恵まれ、白はリースリング、ミュラートゥルガウが植えられ、赤も数種類栽培されています。

Germany

ドイツのこだわりが感じられる上質なワインたち

Malterdinger
Spätburgunder trocken
**マルターディンガー
シュペートブルグンダー
トロッケン**

ドイツ赤ワインの
ハイレベルな1本

シュペートブルグンダーとはピノ・ノワールのこと。ドイツワイン＝白という印象をくつがえす、豊かな果実味でハイレベルな1本。

原産地	独、バーデン地域
生産者	ベルンハルト・フーバー
ヴィンテージ	2015年
ブドウ品種	シュペートブルグンダー
参考価格(税抜き)	5千円
輸入・販売	ヘレンベルガ・ホーフ
味わい	ミディアム
料理	鴨肉とキノコのソテー

Becker Pinot Noir
[B] trocken
**ベッカー
ピノワール「B」
トロッケン**

自然のままに育てた
香り高いドイツの赤

フランスと国境をまたぐ畑で化学肥料を使わず大切に育てたブドウで造るエレガントな赤。凝縮感とやわらかさは見事の一言。

原産地	独、ファルツ地域
生産者	フリードリッヒ・ベッカー
ヴィンテージ	2014年
ブドウ品種	シュペートブルグンダー
参考価格(税抜き)	5千円
輸入・販売	ヘレンベルガ・ホーフ
味わい	ミディアム
料理	鴨の赤ワイン煮

ドイツワインセレクション

Bacharacher Riesling
Sekt brut
バッハラッハー リースリング ゼクト ブリュット

3年以上熟成させた高級ゼクト

華やかな果実味がしっかりと感じられ、長期瓶内熟成由来の円熟味と心地よい酸も魅力。

原産地	独、ミッテルライン地域
生産者	ラッツェンベルガー
ヴィンテージ	2012年
ブドウ品種	リースリング
参考価格(税抜き)	4千円後半
輸入・販売	ヘレンベルガー・ホーフ
味わい	ミディアム、辛口
料理	甲殻類、天ぷら

Deep Blue Trocken
ディープ・ブルー トロッケン

品種由来のうまみと酸のハーモニー

マイルドでフレッシュな酸味が特徴です

原産地	独、ナーエ地域
生産者	ヴァイングート・ティッシュ
ヴィンテージ	2017年
ブドウ品種	ピノ・ノワール
参考価格(税抜き)	2千円後半
輸入・販売	モトックス
味わい	ミディアム、辛口
料理	前菜やサンドウィッチなど軽い食事に

Germany

ドイツのこだわりが感じられる上質なワインたち

Retzstadter Langenberg
Silvaner Kabinett

レッツシュタッター・
ランゲンベルク
シルヴァーナー カビネット

伝統的なボトルが テーブルの主役に

独特のまるいボトルはボックスボイテルと呼ばれるフランケンワインの象徴。ドイツ全体の6％も満たない生産者の希少な白ワイン。

原産地	独、フランケン地域
生産者	フランケン醸造組合
ヴィンテージ	1997年
ブドウ品種	シルヴァーナー
参考価格（税抜き）	オープン
輸入・販売	参考出品
味わい	ミディアム・辛口
料理	白ソーセージ、ザワークラウト

Sovage Riesling

ソヴァージュ
リースリング

芯の通った 力強い味わい

「ソヴァージュ＝野生」という名の通り、鮮烈な酸とたっぷりのミネラルのワイルドな味わい。どんな料理にも合わせやすい。

原産地	独、ラインガウ地域
生産者	ゲオルグ・ブロイヤー
ヴィンテージ	2016年
ブドウ品種	リースリング
参考価格（税抜き）	3千円
輸入・販売	ヘレンベルガ・ホーフ
味わい	ミディアム・辛口
料理	野菜の天ぷら

ドイツワインセレクション

Maximin Grünhäuser
Abtsberg Riesling Auslese

マキシミン・
グリュンホイザー・
アプツベルグ・
リースリング・
アウスレーゼ

断崖のような畑で
生まれた甘口の白

Steinmann
Silvaner Trocken

シュタインマン
シルヴァーナー
トロッケン

和食によく合う
キレのある辛口

シューベルトはドイツモーゼル地方の なかでも歴史ある最高の生産者。酸味 と甘みのバランスがとても素晴らしいク ラシックタイプのワイン。食後の一杯に。

原産地	独、モーゼル地域
生産者	マキシミン・グリュンハウス・シューベ ルト醸造所
ヴィンテージ	1988年
ブドウ品種	リースリング
参考価格（税抜き）	オープン
輸入・販売	稲葉
味わい	ミディアム・辛口
料理	バームクーヘン

たっぷりのミネラル感とやわらかな酸。 果実味が強過ぎず、シャープなキレの ある味わいに。ドイツでは日本食レス トランの定番。

原産地	独、フランケン地域
生産者	クリストフ・シュタインマン
ヴィンテージ	2016年
ブドウ品種	シルヴァーナー
参考価格（税抜き）	2千円
輸入・販売	ヘレンベルガ・ホーフ
味わい	ミディアム・辛口
料理	刺身、寿司

195

Newzealand ニュージーランド

空気がきれいなニュージーランド。
高級ワインを数多く産出しています。

ニュージーランド/産地の特徴

　ニュージーランドといえば羊ではなく、ワインを思い起こす時代です。新世界のなかでも、特にブドウ栽培の気候に恵まれた産地といえます。ブドウにとって最適な、昼と夜の気温の差が大きいため、バランスの良い果実味を持つワインができます。なかでも南島北部のマールボロ地方は、ニュージーランド最大のワイン産地として知られています。

　ニュージーランドでは、赤ワインよりも白ワインの方が多く造られています。シャルドネ、リースリング、ピノ・グリなどありますが、なかでも高い評価を受けているのがソーヴィニヨン・ブラン。近年世界の舞台でさまざまな賞を受賞しています。

北島

北へ行くほど暖かいのが南半球。ノースランド、オークランド、ギズボーンなど、北部の温暖なエリアでは、シャルドネ種の収穫が2月下旬から3月上旬と、夏の終わりにはじまります。

南島

南島南部のセントラル・オタゴ地方では、同種のブドウが収穫されるのは、4月中旬から下旬にかけて。さらに、エリアによって土壌の質も異なるため、育ちやすいブドウの種類が違ってくるのです。

また、ピノ・ノワールやカベルネ・ソーヴィニヨンとメルロのブレンドなど、コクのある豊かな味わいの赤ワインも生み出されています。
　フランスやイタリアに比べると生産量はまだまだ少ないのですが、年々高品質なワインが多くなっています。

Newzealand

ニュージーランドのこだわりが感じられる上質なワインたち

Private Bin Riesling
プライベート
ビン・リースリング

The Starlet Sauvignon Blanc
ザ・スターレット
ソーヴィニヨン・ブラン

果汁や花の香りで口当たりは軽やか!

立ち上がる柑橘系の涼しげな香り!

新鮮な果汁のようにあふれる柑橘系の香りと白い花の香りが爽やか。果実味と酸のバランスが良く、軽い口当たりで飲みやすい。

原産地	マールボロ／ニュージーランド、南島
生産者	ヴィラ・マリア
ヴィンテージ	2016年
ブドウ品種	リースリング
参考価格(税抜き)	2千円
輸入・販売	木下インターナショナル
味わい	ミディアム・辛口
料理	カニ、ロケットのサラダ

一口飲むと、パッションフルーツや柑橘系の香りが立ち上がってくるようなフレッシュな風味が。ほのかなハーブの香りも爽やか。

原産地	セントラル・オタゴ／ニュージーランド、南島
生産者	ミーシャズ・ヴィンヤード
ヴィンテージ	2016年
ブドウ品種	ソーヴィニヨン・ブラン
参考価格(税抜き)	3千円前半
輸入・販売	アブレプトレーディング
味わい	ミディアム・辛口
料理	チキンサラダ

ニュージーランドワインセレクション

Folium
Pinot Noir Reserve

フォリウム
ピノ・ノワール
リザーブ

ニュージーランドの豊かな赤ワイン

Folium
Sauvignon
Blanc Reserve

フォリウム
ソーヴィニヨン・ブラン
リザーブ

丁寧に造られた世界レベルの白

フォリウムとはラテン語で「葉」の意味。収穫制限し、余分な葉を取り除いて有機栽培で造った少量生産の赤。上質な味わいで話題に。

原産地	マールボロ／ニュージーランド、南島
生産者	フォリウム・ヴィンヤード
ヴィンテージ	2016年
ブドウ品種	ピノ・ノワール
参考価格(税抜き)	6千円
輸入・販売	nakano
味わい	ミディアム
料理	カマンベールチーズ

完熟したブドウを手摘みで収穫したのち、ステンレスタンクで発酵。8ヶ月間澱のうえに置くことで深みが増し、味わいがクラスアップしている。

原産地	マールボロ／ニュージーランド、南島
生産者	フォリウム・ヴィンヤード
ヴィンテージ	2017年
ブドウ品種	ソーヴィニヨン・ブラン
参考価格(税抜き)	4千円後半
輸入・販売	nakano
味わい	ミディアム・辛口
料理	白身魚のカルパッチョ

Australia オーストラリア

オーストラリアの生産量は年々増え続けています。その気候の良さから毎年安定して良質なブドウが収穫できるからです。

オーストラリア/産地の特徴

　世界一大きな島で、世界一小さな大陸、世界で6番目に広い国土を持つオーストラリア。米国本土とほぼ同じ面積を有する大陸で、ブドウ栽培が行われているのは主に南部です。温暖な気候に恵まれ、土壌は石灰質で水はけも良く、まさにブドウ栽培に適した特性を備えています。

　さまざまな自然条件に恵まれ、安定して良質なブドウの収穫が約束されているオーストラリアは「ワインのラッキーカントリー」といわれるほど、ワイン造りに適した国といえます。ここ10年ほどの間に、ワインの世界の一大勢力となっています。

　そんなオーストラリアのワイン造りは、ヨーロッパ移民によってもたらされました。ワインの歴史はまだ200年ほどしかありません。

South Australia
南オーストラリア州

オーストラリア全土で収穫されたブドウの半数近く（48％）がここで生産されています。主だったワインやブドウに関する研究機関もすべて州内にあります。

New South Wales
ニュー・サウス・ウェールズ州

オーストラリアのワイン産業の起源は、このニュー・サウス・ウェールズ州にあります。1790年代にシドニー周辺ではじまり、1820年代になってハンター・ヴァレーに広がりました。

しかし、伝統にとららわれない改革精神にあふれるオーストラリアは、近年、技術革新がめざましく、ワインの質も急速に上昇。今では、低価格ワインではなく、高級ワインのみを造るワイナリーも増えています。

Victoria
ヴィクトリア州

ヴィクトリア州は、19世紀半ばのゴールドラッシュでワイン産業が興隆し、ワイン産出量、および英国向け輸出量が国内最多で、「英国民のブドウ畑」といわれるほどでした。

Western Australia
西オーストラリア州

西オーストラリア州は大陸の西側1/3を占めているオーストラリア最大の州です。海岸沿いは、冬に雨が多く、夏に乾燥する地中海性気候で、ブドウ栽培に適しています。

Australia

オーストラリアのこだわりが感じられる上質なワインたち

McLaren Vale Old Bush Vine Grenache

マクラーレン・ヴェイル オールド ブッシュ ヴァイン グルナッシュ

エレガントに舞う豊かな香り

チェリーやバラ、チョコレート、スパイス……さまざまな香りの要素が舞い踊るように調和。シロップ漬けのような味わいがキュート。

原産地	GIマクラーレンヴェイル／豪、サウスオーストラリア州
生産者	ピラミマ・ワインズ
ヴィンテージ	2014年
ブドウ品種	グルナッシュ
参考価格（税抜き）	3千円前半
輸入・販売	ヴァイアンドカンパニー
味わい	フル
料理	フルーツケーキ

Willespie Museum Cabernet Sauvignon

ウイレスピー ミュージアム バスケット・プレス・シラーズ

オーストラリアの傑出した赤ワイン！

清涼感あるハーブのニュアンスと甘いスパイスの香りが時間とともに開きグラスからあふれるよう。格付けボルドーに匹敵する品質。

原産地	GIマーガレットリバー／豪、ウエスタンオーストラリア州
生産者	ウイレスピー
ヴィンテージ	2008年
ブドウ品種	シラーズ
参考価格（税抜き）	3千円後半
輸入・販売	ヴァイアンドカンパニー
味わい	フル
料理	仔羊のロースト

オーストラリアワインセレクション

Apsley Gorge Pinot Noir

アプスレイ・ゴージュ
ピノ・ノワール

洗練され奥行きのある
ブルゴーニュテイストのピノノワール

Weemala Pinot Gris

ウィマーラ
ピノ・グリ

毎日の生活が豊かになる
カリテ・プリなワイン

野イチゴなど豊かな果実に樽のトースティな香り。非常に滑らかなタンニンで、心地良い飲み口。

膨らみのある骨格は男性的。ミネラルやスパイシーなリンゴやパイナップルを想わせる味わい。

原産地	豪、タスマニア州
生産者	アプスレイ・ゴージュ
ヴィンテージ	2014年
ブドウ品種	ピノ・ノワール
参考価格(税抜き)	6千円
輸入・販売	ヴァイアンドカンパニー
味わい	ミディアム〜フル
料理	鴨肉のグリル

原産地	豪、ニュー・サウス・ウェールズ州
生産者	ローガン・ワインズ
ヴィンテージ	2018年
ブドウ品種	ピノ・グリ
参考価格(税抜き)	1千円後半
輸入・販売	モトックス
味わい	ミディアム、辛口
料理	中華

Australia

オーストラリアのこだわりが感じられる上質なワインたち

Rockford Local Growers Semillon

ロックフォード ローカル グロワーズ セミヨン

伝統的な醸造法で造り上げたセミヨン

Small Forest Shiraz Upper Hunter

スモールフォレスト シラーズ・アッパーハンター

軽くしなやかなやさしいシラーズ

オーストラリアを代表するワイナリーにて伝統的手法で造った白ワイン。オークの古樽で熟成した爽やかさと深みのある味わい。

原産地	GIバロッサバレー／豪、サウスオーストラリア州
生産者	ロックフォードワインズ
ヴィンテージ	2014年
ブドウ品種	セミヨン
参考価格(税抜き)	3千円後半
輸入・販売	kpオーチャード
味わい	ミディアム・辛口
料理	カマンベールチーズ

プラム、チェリー、ラズベリーやザクロなどの赤い果実に、シナモン、カルダモン、白胡椒などのスパイスの香り。

原産地	豪、ニュー・サウス・ウェールズ州
生産者	スモールフォレスト
ヴィンテージ	2016年
ブドウ品種	シラーズ
参考価格(税抜き)	3千円後半
輸入・販売	ヴァイアンドカンパニー
味わい	ミディアム
料理	ハンバーグステーキ

オーストラリアワインセレクション

CULLEN
Diana Madeline
カレン ダイアナ・マデリン

入手困難の超自然派ワイン

Woodlands
Chardonnay
ウッドランズ シャルドネ

生産量が少なく希少なシャルドネ

ボルドー第一級シャトーと同格の最高評価を受けたワイナリー。ビオディナミ農法を取り入れ、濃密で優雅な風合いにうっとり。

原産地	GIマーガレットリバー／豪、ウエスタンオーストラリア州
生産者	カレン
ヴィンテージ	2014年
ブドウ品種	カベルネ・ソーヴィニヨン メルロー、マルベック、カベルネ・フラン他
参考価格（税抜き）	1万1千円
輸入・販売	ファームストン
味わい	フル
料理	サーロインステーキ

必要最少量のワイン造りを行う家族経営のワイナリー。ふくよかで広大なイメージを想起させる複雑味は、まさにバーガンディーの真骨頂！

原産地	GIマーガレットリバー／豪、ウエスタンオーストラリア州
生産者	ウッドランズ
ヴィンテージ	2014年
ブドウ品種	シャルドネ
参考価格（税抜き）	3千円後半
輸入・販売	ファームストン
味わい	ミディアム・辛口
料理	エビやカニのグリル

South Africa 南アフリカ

南アフリカは、テーブルワインから高級ワインまでバラエティも豊かです。南フランスに似た海洋性の気候がブドウ栽培に適しています。

南アフリカ/産地の特徴

　インド洋と大西洋にはさまれたアフリカ大陸の最南端。南アフリカのワイン生産はケープタウン州が中心になります。

　ワイン造りの歴史は、この地に入植したオランダ人が持ち込んだブドウの樹からはじまります。入植がはじまってから8年目の1659年には最初のワインが造られたといわれています。

　海からの風と陽光に恵まれた気候に加え、水はけの良い土壌は、南フランスによく似ているため、ブドウの栽培に適しています。

　南アフリカのワインは以前、アパルトヘイト商品として敬遠されていましたが、生産者の努力や輸出の解禁などにより、最近

では新世界ワインの一員として注目されるほどになりました。さらに、1973年に制定された原産地呼称制度(WO ／ WINES OF REGION)により管理・規定されるようになりました。

South Africa

南アフリカのこだわりが感じられる上質なワインたち

Vergelegen
Sauvignon Blanc

フィルハーレヘン
ソーヴィニヨン・
ブラン

Spier Vintage Selection
Pinotage

スピアー
ヴィンテージ・セレクション
ピノタージュ

苦みと果実味が上品に調和

ふくよかでやわらかな心地良い口当たり

しっかりした酸と上品な苦み、果実味とすべてのバランスがきれいに調和。柑橘系の爽やかな香りがクセのある料理にもよく合う。

原産地	WOステレンボッシュ／南アフリカ、コースタル地域
生産者	フィルハーレヘン
ヴィンテージ	2016年
ブドウ品種	ソーヴィニヨン・ブラン、セミヨン
参考価格（税抜き）	2千円後半
輸入・販売	三国ワイン
味わい	ミディアム・辛口
料理	シェーブルチーズ、白アスパラガス

南アの高級ワイン産地、ステレンボッシュで17世紀からワイン造りを行う名門ワイナリー。リッチな果実味とスパイス香が魅惑の調和。

原産地	WOステレンボッシュ／南アフリカ、コースタル地域
生産者	スピアー・ワインズ
ヴィンテージ	2016年
ブドウ品種	ピノタージュ
参考価格（税抜き）	2千円前半
輸入・販売	モトックス
味わい	ミディアム
料理	鶏のトマト煮込み

南アフリカワインセレクション

Lanoy
Cabernet Merlot
ラノイ　カベルネ メルロ

フランスの栽培法を忠実に再現した赤

The Pavillion
Shiraz Viognier
ザ・パヴィリヨン　シラーズ　ヴィオニエ

スパイシーさが魅力的なアクセントに

フルーティな香りにスパイシーな味わいがアクセントに。恵まれた天候と土壌が品質を格上げし、ワイナリーの名が世界的に！

原産地	南アフリカ、コースタル地域
生産者	ボッシェンダル
ヴィンテージ	2016年
ブドウ品種	ラノイ　カベルネ・メルロー
参考価格(税抜き)	1千円後半
輸入・販売	三国ワイン
味わい	ミディアム
料理	牛肉のカルパッチョ、ラムチョップ

凝縮された果実味のなかに、シラーズ特有のスパイシーな味わいがアクセントに。ブレンドされたヴィオニエが華やかなアロマをプラス。

原産地	WOステレンボッシュ／南アフリカ、コースタル地域
生産者	ボッシェンダル
ヴィンテージ	2016年
ブドウ品種	シラーズ、ヴィオニエ
参考価格(税抜き)	1千円前半
輸入・販売	三国ワイン
味わい	ミディアム
料理	スペアリブの香味焼き、ペッパーステーキ

209

Chile チリ

南北に長く広がるブドウ栽培に適した気候・風土を持つチリは、高品質と低価格で高い評価を得ています。

チリ/産地の特徴

地中海性気候に似た気候を持つチリ。唯一の欠点は、夏期に雨が少ないことくらいです。昼夜の寒暖の差が極めて大きいため、ブドウが凝縮し、良質のワインが生産されています。南北4000キロに及ぶ長く広がるチリは、高い山と海、砂漠と南極に囲まれた自然環境が、フィロキセラに侵されない唯一のワイン生産国ともいわれています。事実、過去に大きな害虫被害を受けたこともなく、ヨーロッパの伝統的な品種が、今でもここで純粋に継承されています。

チリでワインが造られるようになったのは16世紀のスペイン植民地時代からといわれています。19世紀には高級ブドウが輸入

Aconcagua
アコンカグア（北部）

チリでのカベルネ・ソーヴィニヨンの栽培の歴史は19世紀なかごろにはじまっていますが、1990年代にパンケウエ地域にドリップ式灌漑が導入されて以降本格的に拡大しました。

Central Valley
セントラル・ヴァレー（中央部）

南北に細長いチリの国土のほぼ中央に広がるセントラル・ヴァレー。さまざまな品種のブドウにとって最適な農地があり、チリのワイン造りをより複雑で高度なものにしています。

され、ワイン造りがより盛んになりました。

　手摘みにオーガニック栽培。数百年に及ぶワイン造りの伝統と、新しい造り手たちによる革新的な試みにより、今やチリワインは、世界でもその品質を認められるまでになったのです。

Arica
Iquique
Antofagasta

アコンカグア（北部）

La Serena
Valparaíso
Santiago
Rancagua
Talca

セントラル・
ヴァレー（中央部）

Temuco
Puerto Montt
Punta Arenas

Chile

チリのこだわりが感じられる上質なワインたち

Carmenere Valle de Rengo
カルムネール ヴァレ・デ・レンゴ

力強く頼もしい！
パワフルなフルボディ

しっかりしたタンニンと黒い果実やスパイスの香りがエネルギッシュ。コストパフォーマンスに優れた、チリらしい1本。

原産地	DOカチャポアルヴァレー／チリ、セントラルヴァレー
生産者	トレオン・デ・パレデス
ヴィンテージ	2013年
ブドウ品種	カルムネール100%
参考価格(税抜き)	1千円前半
輸入・販売	日智トレーディング
味わい	フル
料理	ポークソテー、鶏のグリル

Don AMADO
ドン　アマド

深く豊かな
チリの最高級ワイン

南アの高級ワイン産地、ステレンボッシュで17世紀からワイン造りを行う名門ワイナリー。リッチな果実味とスパイス香が魅惑の調和。

原産地	DOカチャポアルヴァレー／チリ、セントラルヴァレー
生産者	トレオン・デ・パレデス
ヴィンテージ	2011年
ブドウ品種	カベルネソーヴィニヨン、メルロ　他
参考価格(税抜き)	9千円後半
輸入・販売	日智トレーディング
味わい	フル
料理	牛肉の鉄板焼き

チリワインセレクション

パンゲア
Pangea

複雑なアロマが幾重にも広がる

個性的でリッチなアロマにシラーの特徴が。複雑な香りが絡み合い、バランスが美しく整った、ウルトラプレミアムワイン！

原産地	DOコルチャグアバレー／チリ、セントラルヴァレー
生産者	ベンティスケーロ
ヴィンテージ	2012年
ブドウ品種	シラー 他
参考価格（税抜き）	1万2千円（750mℓ）
輸入・販売	アルカン
味わい	フル
料理	サーロインステーキ

コノスル シングル・ヴィンヤード ピノ・ノワール
Cono Sur Single Vineyard Pinot Noir

時代を先取りする革命的な生産者

チェリー、ブラックチェリーなどの鮮やかでジューシーな果実香。程よい酸味が楽しめるエレガントなスタイル。

原産地	DOサンアントニオヴァレー／チリ、アコンカグア
生産者	コノスル
ヴィンテージ	2016年
ブドウ品種	ピノ・ノワール
参考価格（税抜き）	1千円後半
輸入・販売	スマイル
味わい	ミディアム〜フル
料理	鶏のワイン煮込み

Portugal ポルトガル

**ポートワインに代表される、ヨーロッパでも屈指の歴史を誇る
ワイン伝統国です。**

ポルトガル/産地の特徴

　ポルトガルといえば、日本史を思い出してしまうほど馴染みの
ある国名ですが、「ポートワイン」の発祥の地でもあります。18世
紀にポルトガルで生まれたワインが「ポートワイン」です。

　ポルトガルのワイン造りの歴史は、12世紀までその支配下にあっ
たスペインの影響を色濃く受け継いでいました。しかし、19世紀
の後半に、ボルドーのワイン生産者がやってきて、フランス式のワ
イン造りを伝えたところから、ポルトガルのワイン生産は成長を
遂げたのです。

　高温多湿で降雨量が多いにもかかわらず、陽光に恵まれ、昼
夜の温度差が大きいため、良質の凝縮したブドウが栽培されて
います。

Douro
ドウロ地方

ドウロ地方は、ポルトガル屈指
のワインの銘醸地で、ポートワ
インの産地としても有名です。
2000年にユネスコの世界遺産
に登録されました。

Dão
ダン地方

ダン地方はポルトガル中央部に
位置するポルトガルワインの銘
醸地です。ダン地方でのワイン
造りの歴史はとても長く、800
年以上の歴史があります。

さらにポルトガルは、世界初の原産地呼称管理法を制定した国でもあり、それは1756年のことでした。

Vinho Verde
ヴィニョ・ヴェルデ

ポルトガル北西部のミーニョ地方は「コスタ・ヴェルデ」(緑の海岸)と呼ばれ、ここで生産されるワインは「ヴィニョ・ヴェルデ」(緑のワイン)と呼ばれる微発泡ワインです。

Madeira
マデイラ

マデイラワインは、マデイラ島で生産される酒精強化ワインで、世界3大酒精強化ワインに数えられるポルトガルを代表するワインです。

Portugal

ポルトガルワインセレクション

ポルトガルのこだわりが感じられる上質なワインたち

Muros Antigos
Loureiro

ムロス・
アンティゴス
ロウレイロ

**フルーツと白い花の
キュートなアロマ**

ポルトガルの地ブドウ、ロウレイロのみを使用。ほど良いボディと果実味、酸のバランスが良く、どんな料理も美味しくしてくれる。

原産地	DOCヴィーニョ・ヴェルデ／ポルトガル
生産者	アンセルモ・メンデス・ビーニョス
ヴィンテージ	2014年
ブドウ品種	ロウレイロ
参考価格(税抜き)	1千円後半
輸入・販売	モトックス
味わい	ミディアム・辛口
料理	焼き魚

Quinta dos Roques
Touriga Nacional

キンタ・ドス・
ロケス トウリガ・
ナショナル

**独自品種が導く
ハーバルな印象**

ポルトガルの地ブドウのみを使用した赤ワイン。完熟した果実の香りにかすかな松の葉のような印象が。酸とタンニンが好バランス。

原産地	DOCダン／ポルトガル
生産者	キンタ・ドス・ロケス
ヴィンテージ	2010年
ブドウ品種	トウリガ・ナショナル
参考価格(税抜き)	4千円
輸入・販売	木下インターナショナル
味わい	ミディアム
料理	仔羊のロースト

Port Wine & Madeira Wine
ポートワインとマデイラワイン

　ポルトガルにはポート、マデイラと2種の酒精強化ワインがあります。ポートワインは発酵の途中でブランデーを加えて補糖した甘口ワイン。マデイラワインはマデイラ島で造られる、発酵させ樽詰めしたブドウ果汁を加熱処理してからブランデーを加えたもの。辛口から甘口まであります。どちらもデザートワインとして広く愛されています。

Madeira
10 Years Old Boal
マデイラ 10 イヤーズ オールド ボアル

淡い琥珀色と優しい甘さのマデイラワイン

Fonseca's
Vintage Port
フォンセカ ヴィンテージポート

ドライフルーツの香り高いエレガントなポートワイン

ハチミツやバニラを思わせる凝縮された香り。穏やかな酸と甘みのバランスがよく長い余韻を楽しめる。

原産地	ポルトガル、マデイラ島
生産者	バーベイト
ヴィンテージ	NV
ブドウ品種	ボアル
参考価格(税抜き)	6千円
輸入・販売	木下インターナショナル
味わい	ミディアム・やや甘口

軽いオークとドライフルーツの強い香りと滑らかな口当たりが特徴。長くエレガントな余韻を楽しんで。

原産地	DOCヴィーニョ・ド・ポルト／ポルトガル、アルト・ドウロ地区
生産者	フォンセカ
ヴィンテージ	1983年
ブドウ品種	トゥーリガ・ナショナル　他
参考価格(税抜き)	オープン
輸入・販売	ジャパンインポートシステム
味わい	フル・甘口

Austria オーストリア

オーストリア/産地の特徴

　ヨーロッパの小国オーストリアは、全世界のワイン生産量の1%を担っているといわれています。

　そんなオーストリアですが、1985年に起きたワインスキャンダルの際には、輸出がゼロに近い状態にまで落ち込んだそうです。

　そこでオーストリアのワイン関係者たちはこれを機に、世界一厳しいワイン法を造り出しました。ブドウの栽培家やワインの醸造家たちも努力を重ね、ようやく、世界に誇れるワインを供給できるようにまでなりました。

オーストリアワインセレクション

Bela-Joska Blaufrankisch Eisenberg

ベラ・ヨシュカ
ブラウフレンキッシュ
アイゼンベルク

Nikolaihof Gruner Veltliner

ニコライホーフ
グリューナ
フェルトリナー

洗練とボディを兼ね備えた赤

フレッシュさを気軽に楽しむ白ワイン

鉄分を含む土壌由来の独特のミネラル感が個性的。繊細な花の香りとスパイシーさが余韻を引き立て、長くエレガントに続く。

原産地	オーストリア、ブルゲンラント州、ズュートブルゲンラント
生産者	ヴァイングート・ヴァハター・ヴィースラー
ヴィンテージ	2013年
ブドウ品種	ブラウフレンキッシュ
参考価格(税抜き)	2千円後半
輸入・販売	モトックス
味わい	ミディアム
料理	仔羊のロースト

オーストリアを代表する品種由来の白こしょうなどのスパイシーな香りが特徴的。フレッシュな酸が心地良く、日常的に楽しみたいワイン。

原産地	オーストリア、ニーダーエスタライヒ州、ヴァッハウ
生産者	ニコライホーフ
ヴィンテージ	2015年
ブドウ品種	グリューナー・フェルトリナー
参考価格(税抜き)	3千円前半
輸入・販売	ファインズ
味わい	ミディアム・辛口
料理	焼き魚

Canada カナダ

カナダ/産地の特徴

　アイスワイン発祥の地はドイツですが、近年の温暖化で寒さが安定しているカナダへの注目度が高まってきています。カナダではオンタリオ州のほかにブリティッシュ・コロンビア州でもワインが造られ、メルロやシャルドネも人気です。

Northern Ice
Vidal Ice Wine

**ノーザン・アイス
ヴィダル アイスワイン**

氷結ブドウから生まれる上品なデザートワイン

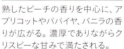

熟したピーチの香りを中心に、アプリコットやパパイヤ、バニラの香りが広がる。濃厚でありながらクリスピーな甘みで満たされる。

原産地	カナダ、オンタリオ州
生産者	ザ・アイス・ハウス・ワイナリー
ヴィンテージ	2015年
ブドウ品種	ヴィダル・ブラン
参考価格(税抜き)	5千円前半
輸入・販売	モトックス
味わい	フル・甘口
料理	フォアグラテリーヌ

220　PART 2　ワインの産地

England イギリス

イギリス/産地の特徴

11世紀にはすでに修道院でブドウ栽培とワイン造りを行っていた記録が残されていますが、宗教改革という歴史背景や気象条件により、長い間中断されてしまいました。しかし最近の温暖化の影響によりワイン産地の北限は北へ移動し、イギリスのワイン造りが復活しました。特にイングランド南部では石灰質土壌から高品質のスパークリングワインを産出し、世界中から注目を浴びています。

RIDGEVIEW BLOOMSBURY
リッジヴュー ブルームスベリー

女王陛下のスパークリングワイン

エリザベス女王在位60周年の記念式典で供されたスパークリング。凝縮感のある果実味にフレッシュな酸が全体を高貴に引き締める。

原産地	英、サセックス州
生産者	リッジヴュー ワイン エステイト
ヴィンテージ	2013年
ブドウ品種	シャルドネ ピノ・ノワール、ピノ・ムニエ
参考価格(税抜き)	5千円後半
輸入・販売	ワイン・スタイルズ
味わい	ミディアム・辛口
料理	アペリティフ

Japan 日本

**造り手の努力が実り、日本では栽培が難しいとされてきた
ヨーロッパ品種も造られるようになってきています。**

日本/産地の特徴

　日本のワイン造りは、明治時代の初期に文明開化と共にはじ
まったといわれています。

　長い鎖国が終わり、明治政府は殖産興業政策の中にブドウ栽
培・ワイン醸造振興策を実施し、山梨県をはじめ、日本格地にブ
ドウ栽培とワイン醸造を奨励しました。

　明治時代以前については諸説あり、古くは奈良時代のお寺で
薬草としてブドウを育てていた説や、江戸時代にも食用のブドウ
を栽培していたと伝えられています。

　江戸時代後半、宣教師フランシスコ・ザビエルら外国人の手に
よって、ヨーロッパのワインが日本に持ち込まれていた記録があり、
幕府の要人や大名、富裕層の商人達はそのワインを楽しむ機会
があったといわれています。

　ヨーロッパスタイルのワインの醸造は、明治時代に山梨県を中
心に始まりました。しかし、日本酒に馴染みのある日本人の舌には、
酸味の強いワインはなかなか受け入れられず、蜂蜜をブレンドし
たデザートタイプの甘口ワインが主流でした。

　多くのワインが各国から輸入されるようになった近年、それま
で難しいとされていたヨーロッパ品種の栽培や品種改良の研究
が進みました。その結果、現在では各地のブドウ畑で育つ様々

な品種から世界と肩を並べる秀逸なワインが造られるようになりました。

　醸造用のブドウ栽培とワイン造りは、山梨県をはじめ、北海道、山形県、長野県などに広がっていますが、温暖化の影響によりその産地はますます広がりをみせています。

　この20〜30年で、日本のワイン産業は順調に発展し、特にこの10年間で目覚ましい進化を遂げています。世界のステージに立った日本は、今後ますます注目されることでしょう。

主要生産地

YAMANASHI
山梨

日本のワイナリーのおよそ7割が山梨県に集中しています。大手メーカーから中規模ワイナリー、家族経営の小規模ワイナリーまでさまざまです。

AOMORI
青森

本州最北端の地、青森。これまで、地元産のブドウを他県のワイナリーへ運んで醸造していたことがありましたが、近年では100%青森産の優れたワインが誕生しています。

HOKKAIDO
北海道

新たなワイナリーの設立やブドウ園の開園が活発な北海道。ヨーロッパの北部、フランスのアルザスやシャンパーニュ・ドイツなどと同じ北緯に位置します。

日本　Japan

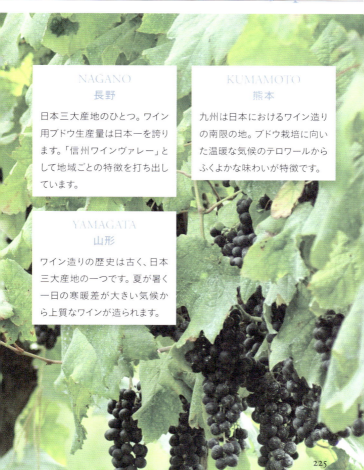

NAGANO
長野

日本三大産地のひとつ。ワイン用ブドウ生産量は日本一を誇ります。「信州ワインヴァレー」として地域ごとの特徴を打ち出しています。

KUMAMOTO
熊本

九州は日本におけるワイン造りの南限の地。ブドウ栽培に向いた温暖な気候のテロワールからふくよかな味わいが特徴です。

YAMAGATA
山形

ワイン造りの歴史は古く、日本三大産地の一つです。夏が暑く一日の寒暖差が大きい気候から上質なワインが造られます。

JAPAN
Yamanashi 山梨

日本のワインの発祥の地であり、約80社のワイナリーが国内の約3割のワインを生産しています。

山梨/産地の特徴

　日本のワインの発祥地といわれる山梨県。明治初期、勝沼の二人の青年がフランスで学んできたワイン醸造技術を地元に広めて以来着実に発展し、現在は約80社のワイナリーが存在します。日本全体の約35％を占める日本ワインの生産量も日本一で、名実ともに日本を代表するワイン産地です。

　山梨県の代表品種「甲州」で造られる白ワインは、県内生産量の約半分を占めています。和食ブームの海外でも注目を集め、いまや国内のみならず世界市場へも進出しています。また、醸造方法の多様化も進み、シュールリー製法、樽を使用したもの、赤ワインのように皮ごと醸したもの、スパークリングワインなど、様々なタイプの味わいが楽しめるようになりました。

　2013年、山梨ワインは地理表示（GI=Geographical Indication）に指定されました。GIとは国税庁が定めた制度で、国税庁のHPでは「正しい産地であること、一定の基準を満たして生産されたものを示す、いわば『国のお墨付き』です」と説明されています。現在日本のワイン産地で指定をうけているのはGI Yamanashiだけです。このことからも、日本における山梨ワインの担っている役割がうかがえます。

226　PART 2　ワインの産地

Yamanashi　JAPAN

山梨のこだわりが感じられる上質なワインたち

GRACE CHARDONNAY
グレイス シャルドネ

GRACE KAYAGATAKE
グレイス 茅ヶ岳

木樽のニュアンスが柔らかく漂う

熟した香りと濃密な味わい

青々しい柑橘系の香りに木樽のニュアンスが加わり、ソフトでやわらかな印象。清涼感のあるジューシーな酸がソフトなシャルドネ。

フレッシュな果実感にスパイスのアクセントが効いたエレガントなスタイル。日本ワインの個性を満喫して。

生産者	中央葡萄酒
ヴィンテージ	2017年
ブドウ品種	シャルドネ
参考価格（税抜き）	オープン
輸入・販売	—
味わい	ミディアム・辛口
料理	白身魚のソテー

生産者	中央葡萄酒
ヴィンテージ	2017年
ブドウ品種	マスカット・ベリーA、カベルネ・ソーヴィニヨン　他
参考価格（税抜き）	2千円前半
輸入・販売	—
味わい	ミディアム
料理	すき焼き、肉じゃが

山梨ワインセレクション

TSUGANE La Montane
ツガネ ラ モンターニュ

眺めの良い畑で
ピュアに育った赤ワイン

ワイナリー名の「ボーペイサージュ」とは「美しい景色」の意味。高地の畑でクリーンに育ったブドウは濃厚でピュアな味わい。

生産者	ボーペイサージュ
ヴィンテージ	2016年
ブドウ品種	メルロ
参考価格(税抜き)	3千円後半
輸入・販売	—
味わい	ミディアム
料理	牛フィレのステーキ

ARUGABRANCA VINHAI ISSEHARA
アルガブランカ ヴィニャル イセハラ

世界的日本ブランドを
目指したこの1本

日本固有の品種、甲州にこだわり、ブドウのポテンシャルを最大限に引き出した白ワイン。柑橘系アロマと果実味が華やかな味わい。

生産者	勝沼醸造
ヴィンテージ	2017年
ブドウ品種	甲州
参考価格(税抜き)	5千円後半
輸入・販売	—
味わい	ミディアム・辛口
料理	焼き魚

JAPAN
Nagano　長野

長野県はワイン用ブドウの生産量が日本一。「長野県原産地呼称管理制度」もスタートして、さらにレベルアップ!

長野/産地の特徴

　ブドウの健全な生育は、ワインの味を決定する最も大切な要素といわれています。

　長野県のブドウ産地の気候は、雨が少なく気温に温度差があり、ブドウ栽培に適した自然条件を備えています。日本ワインの生産量は山梨県に次いで第2位で、良質なブドウの魅力を存分に引き出してワイン造りを行う気鋭のワイナリーも多く存在します。

　近年の温暖化の影響もこの地域にとって追い風となり、長野県は今後さらにブドウの名産地として注目され発展していくでしょう。

　長野県では2002年に「長野県原産地呼称管理制度」がスタート、行政と生産者が一体となり、一貫して熱心にワイン産業に取り組んできました。その結果、内外のワインジャーナリストや専門家が審査を務める「国産ワインコンクール」において、NGANO WINEや、長野県産のブドウを使ったワインが認められ多くの賞を受けています。

　長野県が策定した「信州ワインヴァレー構想」は、栽培から醸造、販売、消費まで含め、NAGANO WINEのブランド化とワイン産業のさらなる発展を推進しています。

　ワインツーリズムも盛んになり、ワイン産業は地域活性化につながる可能性を秘めていますが、長野県が他県のお手本となり日本のワイン産業を盛り上げることが期待できます。

Nagano JAPAN

長野のこだわりが感じられる上質なワインたち

Sogga Père et Fils
Ordinaire Merlot Cabernet
Sauvignon

**ソッガ オーディネール
メルロー カベルネ・
ソーヴィニヨン**

ヴィニュロンの想いが詰められたナチュラルワイン

丁寧な造りから得られる透明感と凝縮した果実味が調和したしなやかな味わい。

生産者	小布施ワイナリー
ヴィンテージ	2016年
ブドウ品種	メルロー、カベルネ・ソーヴィニヨン
参考価格(税抜き)	2千円前半
輸入・販売	—
味わい	ミディアム
料理	豚しゃぶ(ポン酢だれ)

Sogga Clos de
Cacteaux Chardonnas

**ソッガ クロ・ド・
カクトー シャルドネ**

敬愛する栽培者のブドウをブレンド

曽我氏が敬愛する栽培者のシャルドネが使われている。ブドウ本来のピュアな味を閉じ込めたフレッシュなワイン。

生産者	小布施ワイナリー
ヴィンテージ	2016年
ブドウ品種	シャルドネ
参考価格(税抜き)	2千円後半
輸入・販売	—
味わい	ミディアム・辛口
料理	牡蠣

長野ワインセレクション

Vignerons Reserve Merlot
ヴィニュロンズ リザーブ メルロ

料理を美味しくする豊かで香り高い果実味

日照の良い自社畑で育ったブドウのみを使用。豊かな果実味と酸味のバランスが良く、料理と合わせやすく、食事をランクアップしてくれる。

生産者	ヴィラディスト ガーデンファーム＆ワイナリー
ヴィンテージ	2015年
ブドウ品種	メルロ
参考価格(税抜き)	4千円後半
輸入・販売	—
味わい	フル
料理	子羊のロースト

Funky Rouge
ファンキー ルージュ

まろやかな口当たりと調和のとれた香り

若いうちから楽しめるまろやかな口当たりで、赤い実、バニラのフレーバーがバランスよく調和。少量生産のため希少な赤ワイン。

生産者	ファンキーシャトー
ヴィンテージ	2012年
ブドウ品種	メルロ
参考価格(税抜き)	2千円後半
輸入・販売	—
味わい	ミディアム
料理	鶏のソテー

JAPAN
Yamagata 山形

山形/産地の特徴

　山形県では、地元山形の風土で育ったブドウを原料にして、2019年現在、約14のワイナリーでワイン造りを行い、その優れた品質は高い評価を得ています。県内では独自に、「山形県産認証ワイン」を制定、山形県産のブドウ100%で造られ、品質基準審査に合格した優良ワインを認証しています。洞爺湖サミットで供され大評判となったワインを醸造するタケダワイナリーなど、多くの個性あふれるワイナリーを擁する山形は、山梨、長野に次ぐ、ワイン王国の県です。

TakedaWinery
Sans Soufre

**タケダワイナリー
サン・スフル**

ブドウ本来の味を
じっくり堪能

サン・スフルとは「亜硫酸（酸化防止剤）なし」の意味。発酵中のワインを瓶詰めし瓶内発酵させた無添加の微発泡ワイン。

生産者	タケダワイナリー
ヴィンテージ	2016年
ブドウ品種	マスカット・ベリーA
参考価格（税抜き）	2千円
輸入・販売	―
味わい	ライト
料理	アペリティフ

234　　PART 2　ワインの産地

JAPAN
Hokkaido 北海道

北海道/産地の特徴

　北海道が最初にワイン造りを試みたのは明治時代といわれていますが、大きな発展はありませんでした。その後、十勝沖地震や冷害で大きな被害を受けた池田町が、1960年代に研究を重ねワイン産業で町おこしを実行、十勝ワインが誕生しました。この様な歴史を持つ北海道で、近年新しいワイナリーが増えています。農産物にこだわりを持つ造り手が多く、ワインにおいても少量ながら質の高いワイン造りを目指している生産者が見受けられます。

YamazakiWinery
Chardonnay Barrel
Fermentation

山崎ワイナリー
シャルドネ　樽発酵

フレンチオークで発酵させたやわらかな白

家族5人の指紋をあしらったラベルが印象的。樽発酵させたシャルドネを澱とともに熟成。果実味と乳酸系の風味とミネラルが調和。

生産者	山崎ワイナリー
ヴィンテージ	2016年
ブドウ品種	シャルドネ
参考価格(税抜き)	2千円後半
輸入・販売	―
味わい	ミディアム・辛口
料理	ホタテのバター焼き

235

JAPAN
Kumamoto 熊本

熊本/産地の特徴

　日本におけるワイン造りの南限の地、九州。ブドウ栽培に向かない温暖な気候といわれていましたが、長年の研究と努力の成果が出てきています。例えば、有力な生産者である熊本ワイナリーでは、ワイン造りで最も大切なものは、原料のブドウと考えています。優れた設備で優秀な技術者が実力を発揮できるのは、品質のよいブドウがあるからこそです。この考えを元に、原料であるブドウにこだわり、契約栽培されたシャルドネを100％使用しています。ブドウの特徴を最も生かしたワイン造りを行っています。

Kumamoto Wine
Kikka Chardonnay
Barrel Aged

**熊本ワイン 菊鹿
シャルドネ樽熟成**

限定2200本。世界レベルの白ワイン

温暖な気候が練り上げたまるみのある酸とクリーミーな味わい。銘醸地のシャルドネと比べても遜色のない驚きの1本。

生産者	熊本ワイナリー
ヴィンテージ	2015年
ブドウ品種	シャルドネ
参考価格（税抜き）	3千円後半
輸入・販売	—
味わい	白／辛口
料理	豚の冷しゃぶ

JAPAN
Aomori 青森

青森/産地の特徴

　本州最北端の地、青森。下北の大地がワイン造りに選ばれたのは、ワイン大国フランスの三大銘醸地の一つである東部ブルゴーニュ地方と類似した気候を持つ地であるからです。また、ワインの原料となるブドウに適した気候の帯ワインベルト：北緯30〜50℃の条件にもぴったりと当てはまる北緯41度に位置しているため、まさにワイン農場として最適な場所といえます。

Sun Mamoru PN
Shimokita Ryo Selection
Aomori

サンマモル
下北ワイン RYO
ピノ・ノワール

本州最北端で育つ
高貴なピノ・ノワール

青森県で認証を受けた有機栽培のピノ・ノワール。イチゴジャムのような香りを放つ、渋みの少ないバランスのとれたシルキーな赤。

生産者	サンマモルワイナリー
ヴィンテージ	2016年
ブドウ品種	ピノ・ノワール
参考価格（税抜き）	2千円前半
輸入・販売	—
味わい	赤／ライト
料理	蒸し鶏

D.R.Cとマダム・ルロワ

「飲むより語られることの方が多いワイン」といわれる
ロマネ・コンティ。
この名ワインにまつわるサイドストーリーをご紹介しましょう。

伝説のワインと天才女性醸造家はすべてにこだわる

　生産量が最大でも年間7,000本と希少性が高く、1本100万円以上にもなることで知られるロマネ・コンティは世界中で広く知られる格付けトップに君臨するワインです。

　畑はブルゴーニュ、ヴォーヌ・ロマネ村のグランクリュ（特級畑）、ブドウはビオディナミ農法による収穫量を制限されたピノ・ノワール。その品質を保つために尽力したのが、ヴィレーヌ家とともにドメーヌを経営するルロワ家でした。特に「世界最上の味覚・テイスティング能力の持ち主」といわれるマダム・ルロワの才能が惜しみなく発揮されたのです。しかし、やがてマダムとヴィレーヌ家の意見が対立するようになり、同時にマダムが自分のドメーヌを持つようになったことで両者の関係は悪化、ついにマダムは解任されてしまいます。

　マダムの強烈な個性や、同じく経営に参加し、幼いころから犬猿の仲だった実姉が原因だったとさまざまな噂が飛び交いましたが、ロマネ・コンティから離れたマダム・ルロワは自らのワイン造りに専念するようになります。

　マダム・ルロワのワインは、自社畑のブドウで造る「ドメーヌ・ルロワ」、マダムが個人で所有するブドウで造る「ドメーヌ・ドーヴネ」、そして契約農家から買い付けたブドウで造る「メゾン・ルロワ（ネゴシアン・ルロワ）」の3種類。

「メゾン・ルロワ」は決して高嶺の花ではない価格にもかかわらずその品質は高く、ブルゴーニュでも別格の評価を受け、世界中から絶賛されています。

豊かな果実味と華やかな香りが女性らしい。ワインの品質とマダム・ルロワの名声に対しコストパフォーマンスが良く、プレゼントしたら必ず喜ばれる1本。

PART 3

Wine Life

ワインライフスタート！
ワインを知る

ブドウから造られる、
最も歴史の古い酒、ワイン。
そのワインがどうやって
造られているのか、
また、その種類や産地、
ラベルの見方まで、
ワインの基本を
知っておきましょう。

ワインって何?

花が開いたような豊かな香りと宝石にたとえられる美しい色。
日々を豊かにしてくれるワインの秘密を解き明かしましょう。

ブドウから造られた最も歴史の古い酒

　世界中の最も多くの地域で飲まれ、愛されている酒、ワイン。その歴史は古く、紀元前8000年ごろから飲まれているといわれます。

　ワインとは簡単にいってしまうと「ブドウの果汁を発酵させたアルコール飲料」。

　ビールや日本酒を造るには、原料の大麦や米に含まれるデンプンを糖分に分解する糖化というプロセスを経て発酵させます。そのため、仕込み水となる水の良し悪しができ上がりを大いに左右します。

　これに対してワインは原料のブドウ自体に、発酵に必要な糖分も水も含まれています。ブドウをつぶした果汁を清潔な容器に入れ、

What is Wine?

そのまま置いておけば自然にでき上がってしまいます。ワインはとてもシンプルな酒なのです。

ブドウの品質が
ワインの味を決める

　極めてシンプルに造られるワインは、原料であるブドウの品質がそのままワインの品質につながります。つまり、良いワインを造るには、良いブドウを造ることがとても大切なのです。畑の土壌や地勢、日照、気温、雨量など産地の気候風土により適したブドウの品種が決まり、それによってワインの味わいも決まる……。そこには造り手の畑仕事の手腕も、ワインの品質を決める大きな要因になります。自然の恵みと人の技によって完成するからこそ、ワインは奥深く、味わい深いといえるでしょう。

ワインの造り方

ワインは赤、白、ロゼ、そしてスパークリングの4種類に
分類できます。それぞれの造り方にも違いがあります。

赤ワイン

ブドウの果実を丸ごと使用。透明な赤や濃い紫、赤褐色が特徴。タンニンが多く長期保存が可能。

収穫》 黒ブドウを収穫。地域にもよるが、北半球では9月～11月の秋ごろが多い。

除梗・破砕（じょこう） 》 破砕機にかけて枝から実をはずす。

白ワイン

色の薄い果皮のブドウを原料とし、果汁のみで造る。無色に近い色調から黄色みを帯びたワイン。

収穫 》 ブドウを収穫する。時期は赤ワインと同様、北半球では9月～11月。

除梗・破砕 》 破砕機にかけてつぶし、枝から実を取りはずす。

ロゼワイン

白ワインと赤ワインの中間。醸造方法がいくつかあり、ブレンドしてもOKなのはシャンパーニュ地方のみ。

収穫 》 赤ワインと同じ品種（黒ブドウ）を収穫。

除梗・破砕 》 破砕機にかけて枝から実をはずす。

スパークリングワイン

発酵途中のワインを密閉して二次発酵させた発泡ワイン。瓶内発酵させる方法、密閉タンクで発酵させる方法がある。

収穫 》 黒ブドウ、または白ブドウを収穫。

What is Wine?

発酵
果汁を果皮や種子とともに発酵槽に入れ、発酵させる。

圧搾
つぶして皮、実を取り除く。

熟成
樽やタンクに入れて熟成させる。この間に熟成香、味わいの深みが生まれる。

瓶熟
樽で発酵させたワインを瓶に詰め、暗く涼しい静かな貯蔵庫で寝かせ、瓶のなかで熟成させる。時期はワインの個性によりさまざま。

圧搾
圧搾機で絞り、果汁だけを取り出す。

発酵
果汁を発酵槽に入れて発酵させる。発酵期間は10〜20日間。

熟成
赤ワイン同様、樽やタンクで熟成させる。

瓶熟
樽で発酵させたワインを瓶に詰め、暗く涼しい静かな貯蔵庫で寝かせ、瓶のなかで熟成させる。

発酵
果汁を果皮や種子とともに発酵槽に入れ、発酵させる。液体がバラ色になったら次のステップへ。

圧搾
つぶして皮、実を取り除く。

熟成
赤ワイン同様、樽やタンクで熟成させる。

瓶熟
樽で発酵させたワインを瓶に詰め、暗く涼しい静かな貯蔵庫で寝かせ、瓶のなかで熟成させる。

除梗・破砕
破砕機にかけてつぶし、枝から実を取りはずす。

圧搾
圧搾機で絞り、果汁だけを取り出す。

一次発酵
果汁を発酵槽に入れて発酵させる。

二次発酵
糖分と酵母を加えて瓶詰めして密封し、瓶の内部で発酵させる。これによりワインに二酸化炭素がとけ込み、発泡する。

ワインの種類

ワインの分類法は産地やブドウの品種などさまざま。
まずは最も簡単な色による分類法でそれぞれの特徴を
つかむことが、ワインを知るはじめの一歩です。

赤ワイン *Red Wine*

美しい色調と華やかな香り。
ボディとタンニンの強弱が特徴

黒ブドウの実を皮と果汁の両方を使って造られた赤ワインは、ブドウに含まれるタンニンが渋みを形成します。味わいに対して「ボディ」という用語が使われ、果実の凝縮した風味やアルコール度数、コク、飲んだ後の余韻の長さなどを総合的に表し、濃厚なものから「フルボディ」「ミディアムボディ」「ライトボディ」に分類されます。冷やすと渋みが強くなるため、常温で飲むのが一般的で、肉料理に合うワインが多いのも特徴です。

赤ワインの味わいの特徴

ボディ	タンニン	果実味
飲み口が濃厚なものからフル、ミディアム、ライトの3つに分類できる。「重い」「軽い」とも表現される。	ブドウの皮や種に含まれるタンニンに由来するもの。味に厚みや複雑性を与える。品種や産地の気候、醸造方法によって強さが異なる。	口と鼻の両方で感じる果実の風味。ワインのボディになる要素。

Types of Wine

白ワイン

ブドウ果汁だけで造られた酸味と甘みが特徴

　果実を丸ごと使う赤ワインに対し、白ワインが使うのは果汁のみ。発酵段階で出る澱と呼ばれる酵母の死骸を取り除くのも特徴で、そのため透明な色になります。白ワインの味わいは「甘口」「辛口」で表現されます。その違いは残糖度で表され、EUの規定では残糖度が1リットルあたり4g以下を辛口と決めています。酸味や果実味があり、すっきりとして爽やかな味わいの白ワインは良く冷やして飲むのが一般的ですが、赤ワインの様にボディのしっかりした白は冷やしすぎに注意してください。

白ワインの味わいの特徴

ミネラル
ブドウ畑の土壌に含まれる鉱物が風味となって現れる。特に北の産地の白ワインに多く感じられる。

甘口・辛口
白ワインの味を表すときに最も使われ、「甘口」「辛口」に分けられる。

酸味
白ワインに骨格を与えるのが酸味。冷涼な地域ほど強く感じられ、温暖な地域では穏やかでやわらかな酸味になる傾向がある。

> ヨーロッパのワイン法では、赤ワインと白ワインを混ぜてロゼワインを造ることは禁止されています(ただし、シャンパーニュ地方は例外です)。

ロゼワイン　Wine

色合いも味わいもバリエーション豊か。
世界の消費量も急成長。

　赤ワインのコクと白ワインのキレのある味わいを兼ね備えたロゼワイン。明るいオレンジのような色からサーモンピンク、桜色、明るく淡い赤と色合いもさまざまなら、味わいもスッキリとキレのあるものから凝縮感のあるものまでさまざま。料理との相性も幅広く、フレンチはもちろんのこと和食や中華、エスニックにも合うことから、世界なかで人気を呼んでいます。「冷たい白やスパークリングは欲しくないけれど、赤にはまだ早い」という時期に最適です。

ロゼワインの製法

直接圧搾法
(ダイレクトプレス法)
直接圧搾法は黒ブドウをタンクに入れ圧搾し、果皮の色素で軽く色付いた果汁を醸酵する白ワインの造りと同じ方法。軽やかなロゼに仕上がり最近では人気が上がってきています。

セニエ法
赤ワインの造りと同様に除梗・破砕した黒ブドウの果皮と種子を一緒に漬け込み発酵させ、色付いた果汁を引き抜き醸酵させます。こちらは赤ワインに近い重めのロゼになります。

混醸法
黒ブドウと白ブドウを混ぜて醸造したロゼワイン(赤ワインと白ワインを混ぜて造られるのではありません)。主にドイツの製法で、ロートリングと呼ばれています。

Types of Wine

スパークリングワイン Sparkling Wine

乾杯におすすめ！
細かな泡が華やかさの秘密です。

　炭酸ガスを含んだ発泡ワインといえば「シャンパン」が浮かぶ人も多いことでしょう。しかし、シャンパンと呼べるのはフランスのシャンパーニュ地方で造られた、瓶のなかで二次発酵させる「シャンパーニュ方式」で造られたもののみ。そのほかは泡の量に応じてスパークリングワインまたは弱発泡性ワインと呼びます。スパークリングワインにはイタリアのスプマンテ、スペインのカヴァなどがあり、弱発泡性ワインではフランスのペティヤンが有名です。スパークリングワインといえば白と思われがちですが、ロゼのスパークリングもあり、味わいも辛口から甘口までさまざま。細かな泡が長い時間続くものほど、高品質です。

スパークリングワインの主な製法

シャンパーニュ方式＝トラディショナル方式
スティルワインに酵母やしょ糖を加え、瓶詰めしてカーヴに寝かせます。瓶内で酵母が糖を分解してアルコールと炭酸ガスが発生します。その後二次発酵が終わり瓶内に溜まった澱を瓶口に集め澱引きをします。最後に糖分を加えたリキュールを添加し味を整えて、コルクを打ちます。

シャルマ方式
スティルワインを大きなタンクに入れて二次発酵させて造ります。短期間で多量のスパークリングが完成するのでコストを抑えられ、また比較的ブドウ由来の香りを残せる利点があります。「シャルマ」とは、この方法の考案者の名前です。

ワインの産地

乾燥した土地で水はけの良い土壌……。
良いワインができる産地は、世界共通の特徴があります。
農作物としてのワインを知りましょう。

気温、日照量、降水量。
ワインに適した気候とは

　ワインの産地といえばフランス、イタリア、ドイツなどの南欧、ア
メリカのカリフォルニア、そしてチリやアルゼンチン、オーストラリア、
ニュージーランド、南アフリカ、そして日本が挙げられます。一見
なんの共通点もないように見えますが、地図で見ると、「北半球
の北緯30度から50度、南半球では南緯20度から40度」という
2つのベルトゾーンに分けられるのです。

　それだけではありません。年間の平均気温が10度から20度
という共通点もあります。これは、ブドウの生育に適している気温。
良いワインは良いブドウからしか生まれないため、ブドウがよく育
つ土地であることが、ワインの産地の条件なのです（ワイン用ブド
ウに適した平均気温は10〜16度、開花の時期には15〜25度）。

　産地の条件は気温だけではありません。開花から収穫までの
ブドウの生育期間（約100日間）に最低1300〜1500時間の日
照があることや、年間降水量が500〜900ミリ程度であることも
大切な条件です。

　ワイン用のブドウは湿度が高いとカビの被害を受けやすいため、
比較的乾燥した土地を好みます。特にブドウの成熟期や収穫期
に雨が多いと、果実の水分比率を高め、風味や糖度が薄まり、水っ

Area of Wine Production

ワイン産地の条件

温度
年間平均気温10〜16度。さらに昼夜の気温差がある方が良い。

日照量
成育期間(開花から収穫までの約100日間)に最低1300〜1500時間。

降水量
年間降雨量500〜900ミリ。

土壌
水はけがよく、やせた土地。

ぽいブドウになる原因に。ブドウの凝縮味があるワインを造るには、水分は必要最小限であることも重要な条件です。

さらに降雨量だけでなく、水はけの良いやせた土壌や斜面の地形も、ワインに適した土地です。

世界の主なワイン産地

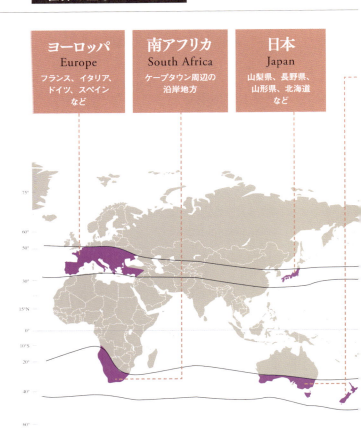

ヨーロッパ Europe
フランス、イタリア、ドイツ、スペイン など

南アフリカ South Africa
ケープタウン周辺の沿岸地方

日本 Japan
山梨県、長野県、山形県、北海道 など

Area of Wine Production

オーストラリア・ニュージーランド
Australia, New Zealand
オーストラリアでは
大陸の南側 1/3、
ニュージーランドでは全島

ブドウ品種と地域
北半球では南に向かうほどブドウが良く色付くため赤ワインの産地が多く、北へ行くほどフレッシュな酸が生まれ、白ワインの産地が増える。品種の数も北緯45度くらいを境に、北へ行くほど次第に少なく、南に行くほど数が多くなる。

アメリカ
America
カルフォルニア州、オレゴン州など
西海岸が中心

チリ・アルゼンチン
Chile, Argentina
チリとアルゼンチンの産地は、
アンデス山脈をはさんで
ほぼ逆側

ワインの味わいを決める5つの要素

ブドウのみで造られたとは思えないほど、
複雑で豊かなワインの味わい。
大きく分けて5つの要素の影響で、その味が決まります。

ブドウの種類

ワインの味、香りを決定付ける要素

　ワインの味わいを決めるものの筆頭に挙げられるのは、ブドウの品種。どの品種で仕込んだかによって、味わいだけでなく色合いや香りなど、ワインの個性が変わります。

　ブドウ品種による違いが現れるのは、まず粒の大きさ、果皮の厚さ、色、色素の量や密度など。品種によりブドウの特徴も大きく変わります。それだけでなくタンニンの量や質、風味成分の構成、熟しやすさ、土壌や気候との相性など品種による違いが、ワインにした時の香りや酸、渋み、ボリューム、糖度や色合いの違いとなって現れるのです。

　ワインの品種は、右で説明する土壌・気候・自然とも密接に関係します。産地の気候や畑の土壌によって、造り手は最適の品種を選ぶからです。

Element of the taste of the wine

土壌・気候・自然

畑の土壌、地勢、気候……。
産地の特徴で味わいが変わる

　ワインを語る際によく耳にする「テロワール」という用語。これはブドウの成育に影響を与える畑の土壌や地勢、気候など土地固有の自然環境を指します。良いブドウができる条件は、まず気温。暖かい土地ではブドウがよく熟すため、糖度が上がり、濃厚な味のワインになるのに対し、涼しい土地ではシャープな味わいになります。また、昼夜の気温差が大きい方がワインの凝縮感が高まります。

　ブドウ栽培に適しているのは、水分も栄養分も十分ではない、やせた土地。地質も石灰岩質や火山岩質、砂利質や粘土質の土地がブドウ造りに向いています。地質が違うと味わいが変わり、たとえ道一本隔てるだけでも、畑が違えば味わいも大きく異なるのです。

生産者

畑仕事によってブドウのできが
変わり、ワインの味わいも決まる

ワインの品質の9割はブドウで決まります。ブドウの品種や育つ環境（テロワール）も重要ですが、農作物である以上、生産者の畑仕事が品質を大きく左右します。

造り手の仕事のなかでも品質に大きく影響を与えるものの筆頭が収穫量。一房のブドウにより多くの成分を集中させるため収穫量を制限することで、凝縮感のあるワインになります。また、ブドウは成熟するにつれて糖度が上がり、酸味が落ちる性質があります。そのため、収穫のタイミングを判断することも重要なポイントになります。

畑の耕し方や栽培方法、そして畑仕事の後に待ち構える醸造・熟成の方法など、生産者の技術がワインの個性を引き出し、品質を決めるのです。

Element of the taste of the wine

収穫年

その年の気温や降雨量など
天候によって違いが生まれる

「ヴィンテージ（収穫年）」もよく耳にするワイン用語です。これは、ワインに使われたブドウが収穫された年のことで、ワインが完成した年ではありません。年によって天候が変わり、ブドウの出来が変わり、ワインの品質が決まるため、ヴィンテージはワインを見極める大切な要素の一つです。

醸酵と熟成

セメント、ステンレス、木樽など、
使用する素材によって味わいに違いが生まれる

第一に発酵に使用するセメント槽、ステンレス槽、木樽などは、ワインのタイプや生産性を考慮して選ばれます。続く熟成ではワインのタイプに合わせて素材を使い分ける生産者もいます。木樽は、産地・サイズ・焼き方などさまざまなタイプがあり、樽熟成は適度な酸化＝ゆっくりした熟成を促すとともに樽の風味やタンニンなどを得ることができます。よく聞かれるバニラ、スパイス、コーヒーといった香りの表現は第三のアロマまたはブーケと呼ばれ、この樽熟成によって生まれます。

ボトルの形でわかるワインの産地

ワインボトルの形が、産地で異なることをご存知でしたか?
ワインを選ぶときの目安として、代表的な4タイプを覚えましょう。

　ワインボトルの形には大きく分けて4つの種類がありますが、この形の違いは主に産地によるもの。ワインはボトルの形で産地がわかるのです。特にヨーロッパの古くからのワイン産地では、昔からボトルの形を変えていません。ワイン造りにとってボトルの形は、代々受け継がれてきた伝統でもあるのです。

　とりわけ有名なのが、ワインボトルを象徴するいかり肩のボルドータイプと、なで肩のブルゴーニュタイプ。ワイン大国フランスを代表する2大産地は、ボトルの形でも個性を主張し合っています。

　では、産地の数だけボトルの形があるかといえば、そうでもありません。世界的にもワインボトルはボルドーとブルゴーニュの2つのタイプがほとんど。たとえばアメリカ産のワインでも、ボルドー型のボトルを使っていれば、そのワインの風味が「ボルドータイプ」ということ。産地だけでなく、味わいを判断する目安にもなっているのです。ショップでワインを選ぶとき、ボトルに注目すると、さらにワインの世界がおもしろくなりそうです。

Bottle of Wine Regions

ブルゴーニュ型

優しいなで肩のラインが特徴のブルゴーニュ型。フランス国内ではコート・デュ・ローヌ地方、ロワール地方もこの形。日本でも多くのワイナリーがこの形を採用している。

シャンパーニュ型

シャンパンに代表されるスパークリングワインのほとんどがこの形。炭酸の圧力に負けないよう、一般的なワインボトルより厚いガラスで造られ、針金でしっかり止めたマッシュルームのような形のコルクも特徴。

ライン・モーゼル型

ブルゴーニュ型よりさらになで肩で、細長くて背が高いのが特徴。主にドイツのラインガウ・モーゼル地方で使われ、ボトルの色がラインガウ地方は茶色、モーゼル地方は緑色と、ボトルの色でも区別される。

ボルドー型

「いかり肩」と呼ばれるどっしりとしたラインが風格を感じさせる。イタリア、スペイン、アメリカでも多く見られ、ニューワールドと呼ばれる産地で最も多いタイプ。

ラベルでわかるワインのプロフィール

フランス語で"エチケット"とも呼ばれるワインのラベル。
ラベルから、そのワインの背景を
読み取ることができます。

ラベルはワイン法に従って表記されるもの。
勝手なことを書いてはいけない。

　ラベルから知ることができるのは、ワインの名前、生産地、生産者、収穫年、アルコール度数、容量など。そこからワインの産地や品質のランクなどを判断することはできますが、味のタイプまで想像することは少々難しく、その表記の背景を知ることも重要なのです。各国のワイン法によって定められた表記内容は少々異なります。

　ラベルに表記された内容をより深く読みとる方法をご紹介しましょう。

Label of Wine Profile

ブルゴーニュワインのラベル

ラベルにブドウ品種は記載されません。AOC法によりこの地区で許可されている品種を知れば、ワインのスタイルが見えてきます。より詳しくなると、その村や畑の名前から地質の特徴を判断しワインの味わいを読みとることができます。

ワイン名
ブルゴーニュ地方では主に、地域名(ブルゴーニュ)、村名、畑名の名前がワイン名になる。このワイン名は「ヴォーヌ・ロマネ(村)プルミエクリュ(1級畑)プチ・モン(畑名)」

ヴィンテージ(収穫年)

ドメーヌ名(栽培醸造者)

アルコール度数

容量

品質分類(AOC)
AOC法による地名、村名、畑名が表記される。この表記により、どの品種が栽培されているか判断できる。このワインはブルゴーニュのヴォーヌ・ロマネ村なので、ピノ・ノワールからワインが造られる。

ドメーヌ元詰表記
ワインを自社畑のブドウ栽培から瓶詰めまで行うドメーヌと呼ばれる蔵と、ブドウ栽培業者より買い付けしたブドウを醸造するネゴシアンの蔵がある。このワインはドメーヌもの。

261

ボルドーワインのラベル

ボルドー地方の大半のワインは栽培醸造者を「シャトー」と呼び、ラベルにもシャトーと記載されています。また、ネゴシアンや大手メーカーが、ブドウやワインを買い付けて混醸して造るゼネリックと呼ばれるワインなどにはシャトーの表記はありません。地方名、地区名、村名の表記があり、さらにそれぞれの地区での格付けも併記もされています。

ワイン名
シャトーの名前がワイン名となる。

ヴィンテージ（収穫年）

品質分類（AOC）
AOC法でサン・テステフ村に認定されている。

村名
ボルドーの中の産地が記載される。このワインはサン・テステフ村で造られている。

容量

生産者元詰め（ミ・ザン・ブティーユ・オー・シャトー）
このシャトーで栽培・醸造・瓶詰めされたことを意味する。

アルコール度数

Label of Wine Profile

シャンパーニュワインのラベル

華やかなデザインが多く、テーブルの雰囲気を盛り上げます。シャンパーニュ地方のみAOC表記が義務付けられていませんが、ラベルから味のタイプや生産者の業態が読みとれます。

ワイン名
特に基準となるものはなく、シンプルだったり個性的だったり、そのワインの背景に由来した名称、敬意を表して付けられた人名だったりと、実にさまざま。シャンパーニュの場合、ワイン名の前にメーカー名を付ける場合が多い。このシャンパーニュは、「ピエール・ミニョン プレステージ ロゼ ド セニエ」となる。

メーカー名（メゾン名）
メゾン名はワイン名になる場合も多い。

アルコール度数

容量

メーカーの業態
このマークでメーカーの業態が分かる。このワインはNM。（ネゴシアン・マニピュランの略）NMとは自社畑のブドウの他に買い付けもしているメーカーを指す。（詳しくはP73参照）

甘辛表示
BRUTは辛口に分類される。より辛いシャンパーニュを探す時は、Extla Brut、Brut Natureなどと表記してあるものを、やや甘口を探す場合はSec、Demi Secの表示を選ぶと良い。

263

ドイツワインのラベル

ドイツはヨーロッパのなかでも特に厳しい表記規制があります。近年のワイン法改定に伴いラベル表記も変化していますが、高級ワインになるほどより多くの記載事項が義務付けられます。

栽培醸造者名

ヴィンテージ(収穫年)

ワイン名(村名・畑名)
ドイツワインの慣習で村名＋畑名がワイン名となることが多い。最近では分かりやすい地域名＋品種名の表記が増えている。

ブドウ品種名

品質分類
プレディカーツワインはクヴァリテーツワインと共に原産地呼称ワインに属す。肩書上質ワインと呼ばれブドウの糖度と収穫法などにより6等級に分れる。

プレディカーツワインの肩書き
この「シュペートレーゼ」は6等級の中のひとつ。遅摘みの意味で、完熟により当分が凝縮されたしっかりした味わいが期待できる。

特定栽培地域
ワイン法で13地域が指定されていて、このワインはモーゼル産。プレディカーツヴァインとクヴァリテーツヴァインは単一地域のブドウのみ使用し、地域表記が義務付けられている。

Label of Wine Profile

アメリカワインのラベル

アメリカのワインラベルもワイン法で定められていますが、フランス、イタリア、ドイツのものより簡潔でわかりやすい表記です。ワイン法で認定された産地名AVA(P100を参照)を理解するとよりワインが楽しくなります。

ヴィンテージ（収穫年）

ワイナリー名（ワイン名）
アメリカではワイナリー名がワイン名となっている場合が多い。

産地名AVA
このワインは、カルフォルニア州、ナパ郡、ナパヴァレー産。

アルコール度数

ブドウ品種名
ワイン法では品種を表記する場合、単一品種を75％以上使用することが義務付けられている。

265

ワインの香りのバリエーション

ワインの大きな魅力はその豊かな香り。
深みのある世界がグラスに広がります。

ワインの表情を決めるのは
多彩な香りの要素

　詩的ともいえる表現で語られるワイン。なかでも品種や製法、熟成度などさまざまな要素で広がる香りについては、饒舌に表現されます。花や果実、植物、スパイス、土壌、そして樽と複雑で豊かな香り表現のバリエーションを知れば、ワインの世界はさらに広がります。

スモーク・ロースト香

樽の素材や焼き具合だけでなく、発酵、品種、土壌に由来する香り。
香りの種類 ナッツ、アーモンド、カカオ、コーヒー、ブリオッシュ、焼いた肉、燻煙など

果実の香り

赤ワインか白ワインか、産地の気候などにより新鮮な果実香やジャムのように濃厚な香りが生まれる。
香りの種類
白ワイン ▶ 柑橘類、青リンゴ、洋梨、桃、ライチ、マンゴー、パパイヤなど
赤ワイン ▶ イチゴなど赤い果実、プラムなど黒い果実、ジャム、ドライフルーツなど

Aroma of Wine

花の香り

白ワインでは白い花、赤ワインでは赤や紫の花の香りがする。ミツのように濃密な香りがすることも。

香りの種類
白ワイン ▶ ジャスミン、アカシア、オレンジの花、菩提樹の花、ハチミツ、蜜蝋など
赤ワイン ▶ バラ、スミレ、ハチミツ、野バラなど

植物やハーブ・スパイス

熟成度やブドウ品種により、生のハーブや乾燥した香辛料にたとえられる香りが生まれる。

香りの種類
スパイス ▶ こしょう、バニラ、クローブ、シナモン、ナツメグ、アニスなど
ハーブ ▶ ミント、ユーカリ、青ピーマン、アスパラガス、オリーブ、杉など

ミネラル・そのほか

土壌や腐葉土などに由来。冷涼な産地の白ワインに多く見られる繊細なニュアンスの香り。

香りの種類
ミネラル、ヨード、鉄、灰、硯、火打石、鉛筆の芯、石油など

動物・土・キノコ

醸造や酵母、または熟成によって現れる。ワインに複雑さを与える香り。

香りの種類
動物 ▶ ジャコウ(ムスク)、ジビエ、生肉、猫のおしっこ、なめし革など
土・キノコ ▶ 湿った土、腐葉土、枯れ葉、紅茶、タバコ、シガー、トリュフなど

ワインの味わいを構成する4つの要素

複雑なワインの味わいをひもとけば、その要素は4つ。
好みの味を見つけましょう。

4大要素のバランスでワインの味が決まる

　ワインの奥深く複雑な味わいは甘み、酸味、苦み、渋みの4要素で構成されています。4つの要素はそれぞれ絡み合い、微妙かつ繊細なバランスでワインの味わいを完成させます。白ワインでは酸味が味わいの骨格を決める中心的な役割を果たし、赤ワインでは酸味に加え白ワインにはない渋みも味を構成します。これらの要素を総合的に味わい、自分好みの味わいを見つけるのも、ワインを知る楽しさです。

味わい要素

甘み

ワインの味わいから比較的感じ取ることができやすい要素。甘口ワインのようにストレートに感じる甘さや、辛口ワインのなかに感じるほのかな甘さなどさまざま。

酸味

赤・白ワインともに欠かせない要素。冷涼な地域ほど強く感じられ、温暖な地域では穏やかでやわらかな酸味になる傾向。

苦み

ワインの味わいの前面に感じるものではなく、甘さのなかに構成されていたり、余韻に心地良く感じられたりする。

渋み

タンニンに由来する渋みは、赤ワインの骨格を決める大切な要素。熟成したワインほど滑らかになる。

PART 3　ワインライフスタート! ワインを知る

グラスを変える、ワインが変わる!

もっとおいしく、贅沢にワインを楽しむなら、
好みのワインに合わせてグラスをチョイス。
味わいや香りの表情が変わります。

ワインによってグラスを使い分けて

　ワインの味わいはグラスによって大きく変わります。だからこそ、グラス選びは、ワイン選び以上に大切なのです。

　ワインの色を邪魔しないよう、無色透明なもの。香りが飛ばないよう、口がすぼまったチューリップ型のもの。唇が当たるグラスの縁が薄くてシャープなもの。この3つはワイングラスを選ぶときに譲れない基本条件です。好きなワインのタイプに合わせてさらにグラスを選べば、もっと味わいが繊細に、深くなります。

> 大ぶりな赤ワイン用グラスは、グラスのなかでワインが空気と触れる面積が多くなるようボウル部分が大きく、口がすぼまっている。冷やして飲むことが多い白ワインは、飲んでいる途なかで温度が上がらないよう、小ぶりに造られている。

グラスに香りを満たす美味しい注ぎ方

グラスのなかに飛沫が飛び散らないよう、ゆっくり注ぐ。量はワイングラスの1/3が目安。

万能型

赤、白両方に使え
最初の1脚に最適

ボウル部分がある程度大きく、口がすぼまったチューリップ型。果実味や酸味をバランスよく引き出す。ライト〜ミディアムボディの赤や白ワインに。

〈ヴィノム〉キャンティ・クラシコ/ジンファンデル/リースリング・グラン・クリュ/リーデル

ボルドー型

厚みのあるボディと
豊かな香りを味わう

大きなボウルとゆるやかなすぼまりが香りをしっかりと立ち上らせる。舌のうえでワインが横に広がり、ボディを感じつつ強い渋みを和らげてくれる。

〈ヴィノム〉カベルネ・ソーヴィニヨン/メルロ(ボルドー)/リーデル

Wine Glass

ブルゴーニュ型

ボウル部分が
香りを花開かせる

ボウル部分が大きいため香りが花開き、グラスのなかを満たす。ワインがスルスルと舌先に導かれ、フルーティさと酸味のバランスを味わえる。

〈ヴィノム〉ピノ・ノワール（ブルゴーニュ）／リーデル

シャンパーニュ型

繊細な泡立ちを
目でも味わう

繊細に立ち上る泡が楽しめる細長い形状は「フルート型」とも呼ばれる。舌先で心地良い泡を感じられる効果も。底につけた傷が泡立ちをさらに美しく。

〈ヴィノム〉シャンパーニュ／リーデル

スマートに、デリケートに
ワインをもっと美味しくする抜栓法

ワインの時間がはじまるオープニングセレモニー。
それが抜栓(ばっせん)です。
素敵な時間にするため、正しい方法をマスターしましょう。

ワインの抜栓法

コルクを割ってしまったりボトルのなかに落としたりと失敗が多いワインの抜栓。コルクの中央にまっすぐスクリューをねじ込むのがコツです。

1 キャップシールにナイフを当てて回しながら切り込みを入れてからはぎ取る。

2 スクリューをコルクの真んなかに刺し、まっすぐねじ込んで行く。

スパークリングワインの抜栓法

派手な音とともに栓が飛びワインが吹き出る……のは間違い。音を立てず静かに抜栓するのが正しい方法です。

1 ワインと同様、キャップシールにナイフで切り込みを入れ、はぎ取る。

2 内部のガス圧でコルクが飛ばないよう、親指でしっかりと押さえる。

スマートに抜栓できるソムリエナイフ

キャップシールを取り去りコルクを抜くまでをスマートにこなすなら、やはりソムリエナイフが最適。てこの原理を使うので、女性でもスムーズ。

1.ナイフ部
キャップシールに切り込みを入れるときに使う。

2.スクリュー部
ここがシャープで太すぎないものが使いやすい。

3.フック部
瓶口にひっかけ、てこの原理でコルクを引き抜く。

ックをボトルのちにひっかけ立たせ、先端しっかりと握って固定する。

4
ソムリエナイフのハンドルを持ち上げると、てこの原理でコルクが上がってくる。

5
3〜4を繰り返し、コルクの9割が出てきたら指でつかんで揺すりながら優しく引き抜く。

指でコルクをさえながら、金をねじってるめる。

4
反対側の手で瓶底を持ち、ゆっくり回すとガス圧で少しずつコルクが上がってくる。

5
コルクが上がってくるのに合わせて音を立てずにガスを抜き、静かに栓を抜く。

273

テイスティングの方法

**色、香り、味わいを確かめるテイスティング。
知るほどワインの世界が広がります。**

個性をとらえるほどワインが好きになる!

テイスティングとは、料理でいえば「味見」。ワインでは色を、香りを、味わいを確かめるために行い、ワインが劣化していないかどうかの確認と、ワインの個性をとらえるという2つの目的があります。抜栓後まず行うテイスティングは、ワインとのファーストコンタクト。色みはどうか、どんな香りがするのか、果実味や酸味、渋みなど、どんなバランスの味わいなのかを確かめます。慣れてくるうち、品種や産地による違い、スケール感や清涼感、熟成度合いなどさまざまなことがわかるようになってきます。

テイスティングするうち、自分好みのワインのプロフィールも見えてくるもの。より深くワインを知り、よりワインを好きになるためにテイスティングも楽しみましょう。

レストランでのテイスティング

レストランでのテイスティングはワインが劣化していないかどうかを確認するために行うもの。好みの味でなかったからといって替えると、もう1本注文したことになるので注意。

PART 3　ワインライフスタート! ワインを知る

ワインのプロフィールを知る　　　　　　　　Tasting

色

白い紙かテーブルクロスを背景にグラスを傾け、色合い、色調、清涼度を確認。

香

グラスに鼻を近づけ、香りをとる。続いてスワリングして香りを際立たせて香りをとる。

味

口に含んだワインを口のなか全体に行き渡らせ、味わいを確認。

スワリングとは…
グラスとともにワインを回し、香りを立たせること。

275

もっと美味しく飲むためのワイングッズ

**ワインを知るほど欲しくなるさまざまなグッズ。
まず揃えたいものをセレクトしました。**

飲み残しのワインを
おしゃれにキープ

ワインの酸化を防ぎつつ見た目も
おしゃれに。

ワインの酸化を防ぐ
強い味方

ボトル内の空気を抜いて真空
状態にするポンプと専用の栓。

抜栓をもっとスマートにする
ホイルカッター

小ぶりなデザインで見た目もクール。

Wine Goods

場所を取らず、見た目もクール

内部に氷を入れるスマートな構造のワインクーラー。

注ぐだけでデキャンティング！ギフトにもぴったり

注ぐだけで空気を取り込みデキャンタージュできるポアラーとワインを守るストッパーのセット。

---

close up goods

ワインを花開かせるデキャンタージュ

ワインをボトルからガラス容器に移し替えるのがデキャンタージュ。若くて風味の硬いワインでは、空気に触れさせることで花開かせるため、古いワインでは澱を取り除くために行います。ここでは前者の方法をご紹介します。

デキャンタ

デキャンタの口にワインボトルを当て、ゆっくりと注ぎ入れる。このときデキャンタの内側にワインが広がるように流し入れるとより多くの空気に触れさせることができる。

複雑な形はエレガントなだけでなくより多く空気に触れる効果も。

あなたとワインの相性がわかる！

「大好き!」が見つかる**ワインチャート**

	Q1 どんなお酒が好き?	Q2 食べ物の好みは?
A	お酒大好き！ 日本酒や焼酎、ウイスキーなど、アルコール度数が高いものもOK！ □	肉料理が好き。こってりとしたソースを使った濃厚な味や、とろりと溶けるやわらかな舌触りがたまらない。 □
B	お酒は好きだけど、甘いお酒は苦手。 □	イタリア料理が好き。肉料理ではカラッと揚がったトンカツが定期的に食べたくなる。 □
C	紹興酒など中国酒、または甘いカクテルが好き。 □	天ぷらやすき焼きが好き。濃厚な味を楽しみたいときは中華料理を選ぶことが多い。 □
D	キリリと引き締まった辛口の日本酒が好き。お燗して飲むより冷酒で飲むことの方が多い。 □	和食が好き。さっぱりした味付けが好きで、天ぷらも塩で食べる方が好み。貝も好き。 □
E	あまりアルコール度数の高くないお酒を昼から飲むのが幸せ❤ □	ベトナムやタイなどエスニック料理が好き。ピリリと刺激的に辛い味付けが好き。 □
F	ソーダやトニックウォーターで割った甘くないカクテルやビールが好き。お酒の席が好き。 □	こってり濃厚な肉料理からさっぱりとした魚料理までオールマイティ。生の魚なら刺身よりカルパッチョ派。 □

278　PART 3　ワインライフスタート! ワインを知る

奥深いワインの世界、ビギナーにとって最初の難関は「どんなワインを選べば良いか」ということ。でも、このチャートがあれば大丈夫！ 設問に答え、次のページの回答欄にそれぞれの数を記入してください。これだけであなたにピッタリのワインタイプが見つかります。さっそくチャレンジ！

※次のページにもQ5とQ6があります。

	Q3 ソフトドリンクを選ぶなら？	Q4 あなたが好きな「お酒の時間」はどれ？
A	コーヒー。	ほのかな明かりの元でゆっくりと。美味しい料理を楽しみながら、大切な人とふたりで過ごしたい。
B	100%果汁。特にリンゴ、桃、ブドウ。	仲間と集まって賑やかに飲むのが最高！ 気取らずお酒を楽しむことがストレス解消に。
C	ほうじ茶や軽めのブレンド茶。濃いお茶は苦手。	家族で飲む時間が好き。昔からの友達2〜3人でいろいろな話をしながら飲むと、気持ちがほぐれる。
D	外国産のミネラルウォーター。	ちょっと敷居が高い寿司屋など、背伸びして飲む独特の緊張感が好き。
E	ミルクティーやカフェオレ。	友達の家での持ち寄りパーティやオシャレな居酒屋などでの女子会が好き。
F	炭酸飲料。	リラックスして飲むより、パーティでたくさんの人に出会う刺激と一緒に楽しむお酒が好き。

	Q5 「もう少し何か食べたい」とき、何を選ぶ?	Q6 心に響くキーワードはどれ?	
A	チーズの盛り合わせ。 ☐	クラシック。 ☐	Aのチェック 　　　　個
B	ピザやパスタ。 ☐	カジュアル。 ☐	Bのチェック 　　　　個
C	甘いフルーツ。 ☐	アットホーム。 ☐	Cのチェック 　　　　個
D	お茶漬けかにぎり寿司。 ☐	コンサバ。 ☐	Dのチェック 　　　　個
E	タルトかシュークリーム。 ☐	可愛い。 ☐	Eのチェック 　　　　個
F	チョコレートケーキ。 ☐	華やか。 ☐	Fのチェック 　　　　個

Wine Chart

あなたにピッタリの
ワインはどのタイプ?

A
が多い
あなたは…

料理もお酒も楽しみたいあなたには、フルボディの赤ワインがピッタリ！ 渋みやコクを味わいつつ、ゆっくりとワインのひとときを過ごすのは、あなたにとって格別の時間に。

B
が多い
あなたは…

大勢で楽しくお酒を楽しみたいあなたには、ミディアムからライトボディの赤ワインがおすすめ。アウトドアにも向いているから、仲間との楽しみがさらに広がります。

C
が多い
あなたは…

リラックスしたお酒の時間を過ごしたいあなたには、甘口の白ワインがピッタリ。フルーティな甘みが気分を解きほぐしてくれ、まったりとした時間が過ごせそうです。

D
が多い
あなたは…

シャープな味を好むあなたにおすすめなのは、辛口の白ワイン。キリリと引き締まった飲み心地が気分まで引き締めてくれる気持ち良さに、思いきり酔ってしまいましょう。

E
が多い
あなたは…

女子会が好きなあなたにはロゼワインがおすすめ。どんな料理にも合ううえ、ピンク色のルックスも可愛く、いつもより楽しい会になること受け合いです。

F
が多い
あなたは…

パーティなど華やかなシーンでお酒を楽しみたいあなたには、スパークリングワインがおすすめ。実は合う料理の幅が広いところも、美味しいもの好きなあなたにピッタリ！

アニバーサリーワインと保存法

結婚記念日や子供の誕生日など、大切なアニバーサリーイヤーと同じヴィンテージワインを楽しみたい人が増えています。美味しく飲むためには選び方と保存法が大切です。

家庭で楽しむ20年(又は長期)
熟成型ワインは産地で選ぶ

　結婚した年や子供が生まれた年、そして自分の誕生年など、誰にでも特別な記念年があります。

「記念年のワインを、大切な記念日に飲みたい」こんな願いを家庭で、しかもリーズナブルに実現するには、ワインの選び方、保存方法が決め手となります。

　ワインの選び方。まず、「結婚20周年」「20歳の誕生日」を基準に、20年間熟成可能なワインで考えてみましょう。20年の長期熟成に耐えるワインは、生産されてすぐに市場に出回ることはありません。このタイプのワインは長い樽熟成をさせるので、記念の年つまり収穫年から3年〜5年後にやっと探しはじめることができるのです。

　アニバーサリーに飲むワインだからブルゴーニュやボルドーなどの高級なものを、という考えもありますが、これらの産地のワインを家庭で長期保存するのは少し難しいかもしれません。対してイタリアのバローロ、バレバレスコ、ブルネッロ・ディ・モンタルチーノなどのワインはある程度の常温保存にも耐え、しかもフランスの高額ワインと比べると価格がリーズナブルなのでおすすめです。

ワイン専用冷蔵庫でプチ・セラーに

　お目当てのワインが見つかったら、重要なのが保存法。ワインが好むのは冷暗所。温度変化が少なく、光が当たらず、13〜15度の涼しい場所が最適です。最近の日本では難しくなって来ましたが、床下収納、押し入れなどが比較的安全でしょう。長期保存する場合は動かさないことも大切な条件。ワインセラーがあればベストですが、単身者用の小さな冷蔵庫で代用するのも一つの案です。温度を一番高くし、庫内にコップ1杯の水を入れ湿度をプラス。記念日までそっと眠らせておきましょう。

ラベルが汚れないよう、ラップで保護。

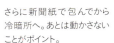

さらに新聞紙で包んでから冷暗所へ。あとは動かさないことがポイント。

本書は、『ワインの図鑑』（2013年9月／小社刊）を再編集し、文庫化したものです。

参考文献

『日本ソムリエ協会教本2018年版』日本ソムリエ協会・編、2018年3月
『田辺由美のワインブック2019年版』田辺由美・著、飛鳥出版、2018年12月
『ワイン完全ガイド』君嶋哲至・監修、池田書店,、2016年5月

監修／君嶋哲至（きみじまさとし）

1960年横浜生まれ。創業明治25年の酒販店「横浜君嶋屋」の4代目代表。直輸入ワインは、必ず造り手、ブドウ畑を訪れ、確信を持ったワインのみ扱う。感性豊かなテイスティング表現と料理とのマリアージュの提案にも定評がある。日本酒、シャンパーニュのスクール講師も務めている。

元の本 STAFF

デザイン／真野恵子、三宅政吉
写真／松本祐二（studio éha）、山下令
レシピ制作・料理／藤沢セリカ
スタイリング／South Point
企画・編集／成田すず江、花田雪、鈴木昌洋（以上、株式会社テンカウント）、堀田康子
編集協力／岡野教子（横浜君嶋屋）
撮影協力／神宮アトリエ、studio éha
校正／池田美恵子
編集／成田晴香（株式会社マイナビ）

画像協力／横浜君嶋屋、Shutterstock.com、ZR Geilweilerhof

・本書の記載は元の本の 2013 年 8 月現在の情報に基づき、必要に応じて本書発行時点の最新のものに更新しております。そのためお客様がご利用されるときには、情報や価格等が変更されている場合もございます。

マイナビ文庫

ワインの図鑑ミニ

2019 年 2 月 28 日　初版第 1 刷発行

監　修　　　君嶋哲至
発行者　　　滝口直樹
発行所　　　株式会社マイナビ出版
　　　　　　〒 101-0003 東京都千代田区一ツ橋 2-6-3 一ツ橋ビル 2F
　　　　　　TEL 0480-38-6872（注文専用ダイヤル）
　　　　　　TEL 03-3556-2731（販売）／ TEL 03-3556-2735（編集）
　　　　　　E-mail pc-books@mynavi.jp
　　　　　　URL http://book.mynavi.jp

カバーデザイン　米谷テツヤ（PASS）
印刷・製本　　　図書印刷株式会社

◎本書の一部または全部について個人で使用するほかは、著作権法上、株式会社マイナビ出版および著作権者の承諾を得ずに無断で複写、複製することは禁じられております。◎乱丁・落丁についてのお問い合わせは TEL 0480-38-6872（注文専用ダイヤル）／電子メール sas@mynavi.jp までお願いいたします。◎定価はカバーに記載してあります。

©TEN COUNT CO.,LTD. 2019
ISBN978-4-8399-6776-5
Printed in Japan

プレゼントが当たる! マイナビBOOKS アンケート

本書のご意見・ご感想をお聞かせください。
アンケートにお答えいただいた方の中から抽選でプレゼントを差し上げます。
https://book.mynavi.jp/quest/all

M Y N A V I **B U N K O**

世界のチーズ図鑑ミニ

NPO 法人 チーズプロフェッショナル協会 監修

本書では、世界各地の特徴的なチーズを、国別、地域別に紹介します。

それぞれのチーズのおいしい食べ方、料理やお酒とのあわせ方、旬、おすすめの熟成期間などがわかることはもちろん、どうしてそのチーズがその地域で現在の味わいに至ったのか、という背景にまで踏み込んで解説。

知れば知るほどおいしくなる、チーズの奥深い世界へとご案内します。

定価 本体925円＋税

M Y N A V I **B U N K O**

すし図鑑ミニ

ぼうずコンニャク
藤原昌髙 著

お寿司屋を味わうための決定版！あの『すし図鑑』がポケットに入れて携帯できる文庫サイズになって登場！ 大きさは小さくなりましたが、1ページ1貫の見やすい構成に変更し、寿司ダネも321貫から333貫に、頁数は224頁から264頁に増えています。さらに各お寿司のネタとなった魚介の写真や「すしの歴史」「すし店の形」「マグロのすしいろいろ」「用語集」など、お寿司にまつわる知識のページも用意されています。お寿司屋さんに行く際には、ぜひ本書を一緒にお持ちいただき、お寿司を堪能してください。

定価　本体860円＋税